全国职业技术院校工程机械运用与维修专业教材

# 工程机械（汽车起重机）操作与维护

人力资源和社会保障部教材办公室组织编写



中国劳动社会保障出版社

## 简介

本书主要内容有：汽车起重机认知、汽车起重机底盘操作、汽车起重机工作装置操作、汽车起重机维护与保养。

本书由张明军主编，张甫、钱琳琳参编，刘清、王俊芳审稿。

**图书在版编目（CIP）数据**

工程机械（汽车起重机）操作与维护 / 张明军主编. —北京：中国劳动社会保障出版社，2017

全国职业技术院校工程机械运用与维修专业教材

ISBN 978-7-5167-3033-1

Ⅰ.①工…　Ⅱ.①张…　Ⅲ.①汽车起重机-操作-职业教育-教材②汽车起重机-机械维修-职业教育-教材　Ⅳ.①TH213.6

中国版本图书馆CIP数据核字（2017）第108931号

**中国劳动社会保障出版社出版发行**

（北京市惠新东街 1 号　邮政编码：100029）

*

北京谊兴印刷有限公司印刷装订　　新华书店经销

787 毫米 ×1092 毫米　16 开本　9.5 印张　184 千字

2017 年 5 月第 1 版　　2017 年 5 月第 1 次印刷

**定价：18.00 元**

读者服务部电话：（010）64929211/64921644/84626437

营销部电话：（010）64961894

出版社网址：http://www.class.com.cn

http://zyjy.class.com.cn

# 前　言

为了更好地适应全国职业技术院校工程机械运用与维修专业的教学要求，全面提升教学质量，人力资源和社会保障部教材办公室组织有关学校的骨干教师、行业和企业专家，依据《技工院校工程机械运用与维修专业教学计划和教学大纲（2016）》，在充分调研企业生产和学校教学情况，并吸收和借鉴各地职业技术院校教学改革成功经验的基础上，编写了本套专业教材。

## 教材体系

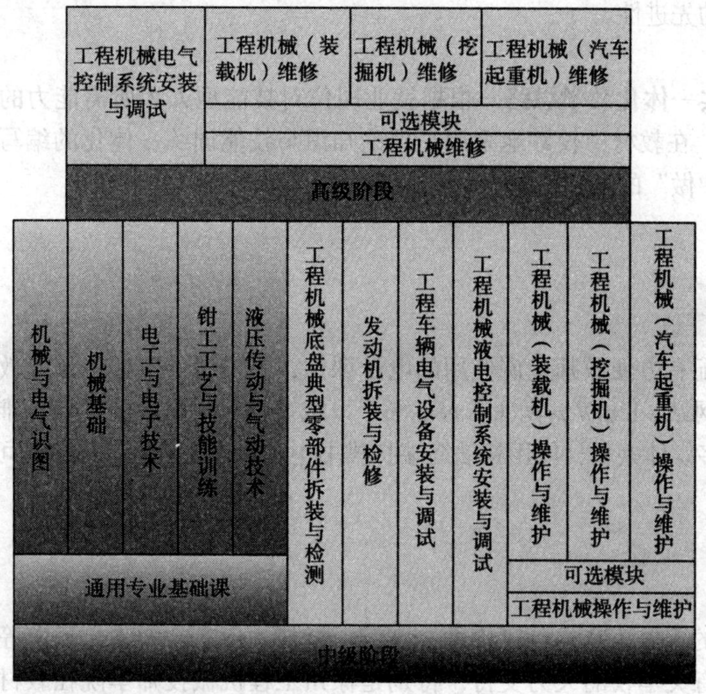


注：通用专业基础课可从机械类、电类通用教材中选用。

## 适用对象

工程机械运用与维修专业中级、高级两个层次和以下 3 种学制：

- 初中毕业生 3 年学制培养中级工
- 高中毕业生 3 年学制培养高级工
- 初中毕业生 5 年学制培养高级工

## 编写特色

■ **体现国家标准要求** 以国家职业标准为依据，涵盖相关国家职业标准（中级、高级）的知识和技能要求；以最新的国家技术标准为参照，使教材更加科学和规范。

■ **体现企业需求** 广泛听取包括徐州工程机械集团有限公司等知名企业专家意见，根据企业岗位和教学实践的需求，确定学生应具备的能力与知识结构，并注重教材内容的深度、广度与实际需求相匹配。

■ **体现行业技术发展** 根据工程机械相关领域技术的最新发展，确定新知识、新技术、新设备、新材料等方面的内容，如挖掘机中斗杆和动臂的回转优先与合流控制技术、汽车起重机中的双变量新型节能液压系统、压路机中的基于 CAN-BUS 总线通信系统技术等，保证教材的先进性。

■ **体现理实一体化教学思路** 根据就业岗位对技能型人才所需能力的要求，加强实践性教学内容，在教材中较好地采用了理论知识与技能训练一体化的编写模式，以体现“做中学”“学中做”的教学理念。

## 教学服务

本套教材配有方便教师上课使用的电子课件，电子课件可通过职业教育教学资源和数字学习中心网站（http:// zyjy.class.com.cn）下载。针对教材中的重点、难点，还制作了动画、视频等多媒体素材，使用移动终端扫描书中相应位置处的二维码即可在线观看。

## 致谢

本次教材的开发工作得到了山西、江苏、浙江、山东、湖南、云南等省人力资源和社会保障厅及有关学校的大力支持，特别是徐州工程机械技师学院在教材编写中做了大量的工作，在此我们表示诚挚的谢意。

**人力资源和社会保障部教材办公室**

2017 年 4 月

# 目录

# 模块一 汽车起重机认知

**本模块以中小吨位汽车起重机和典型大吨位起重机为载体，介绍国内外汽车起重机的发展概况，汽车起重机的概念、分类及技术参数，汽车起重机的结构组成，汽车起重机液压系统，汽车起重机电气系统和汽车起重机安全规程及指挥信号。**

# 课题1　汽车起重机的基本知识

## 子课题1　国内外汽车起重机的发展概况

**学习目标**

1. 了解国内外汽车起重机的生产厂家。
2. 熟悉国内外汽车起重机的发展趋势。

### 一、国外汽车起重机生产厂家介绍

#### 1. 利勃海尔公司

利勃海尔公司成立于1949年，是德国著名工程机械制造商，也是全球最大的工程机械制造商之一。该公司第一台移动式、易装配、价格适中的塔式起重机获得巨大的成功，成为公司蓬勃发展的基础。利勃海尔公司在全球移动式起重机领域处于领先地位，拥有全球45%以上的全地面起重机的市场份额。成熟的技术、世界级的质量和良好的售后服务及零部件服务体系是该公司最大的优势。

#### 2. 马尼托瓦克公司

马尼托瓦克公司成立于1902年，总部设在美国威斯康星州马尼托瓦克市。马尼托瓦克公司主要生产桁架臂重型履带起重机、轮胎起重机等。马尼托瓦克公司的产品特点是技术较先进、性能较高、可靠性能高，在汽车底盘技术和全地面技术方面处于世界领先地位，产品主要销往美洲地区和亚太地区。

#### 3. 格鲁夫公司

格鲁夫公司成立于1947年，是世界领先的移动式液压起重机制造商，生产工厂位于美国宾夕法尼亚州和德国威廉港。格鲁夫公司于1968年制造出世界上第一台旋臂式崎岖地形起重机，1970年制造出第一个梯形吊臂。1999年收购德国的克虏伯轮式起重机公司后，格鲁夫公司成为全地面起重机市场上三足鼎立的一支。该公司的产品主要有越野起重机、车载式起重机、全地形起重机和工业起重机等。

除欧美外，亚洲也是汽车起重机的重要生产基地。亚洲汽车起重机以日本为代表，主要生产一般汽车起重机、履带起重机、越野轮胎起重机和全地面起重机。其中，越野

轮胎起重机的产量最大；一般汽车起重机的产量次之，呈减少趋势；全地面起重机的产量最小，呈上升趋势。日本汽车起重机生产厂家主要代表有多田野、加藤等。

## 二、国内汽车起重机生产厂家介绍

### 1. 徐州重型机械有限公司

徐州重型机械有限公司是徐工集团最核心的企业，公司始建于1943年，是中国极具影响力的汽车起重机、全地面起重机、履带式起重机、消防车和工程机械底盘的研发、制造和销售基地，是中国臂架类机械装备制造标志性企业。该公司在起重机方面的主要产品有8～130 t全液压汽车起重机、25～1 600 t全地面汽车起重机、25 t液压轮胎起重机、35～4 000 t液压履带起重机等。该公司目前已发展成为我国最大的汽车起重机生产制造厂家，年产量达10 000余台，国内市场占有率超过50%。

### 2. 长沙中联重工科技发展股份有限公司浦沅分公司

长沙中联重工科技发展股份有限公司浦沅分公司是长沙中联重工科技发展股份有限公司下属最大的制造经营分公司，其前身为湖南省浦沅集团有限公司。该公司主要从事汽车起重机、履带式起重机、全地面起重机和工程机械专用底盘的研发、生产和销售，主要产品有8～130 t汽车起重机及工程机械专用底盘、50～800 t履带式起重机、80～160 t全地面起重机等。

### 3. 三一汽车起重机械有限公司

三一集团有限公司始创于1989年。三一汽车起重机械有限公司是三一集团的核心企业，主要从事起重机械系列产品以及工程机械零部件的研发、制造和销售。该公司的主要产品有20 t、25 t、50 t、75 t、100 t、130 t汽车起重机产品系列，以及160 t、200 t、220 t、260 t、300 t、350 t、600 t、1 200 t全地面汽车起重机产品系列。

## 三、国内外汽车起重机的发展趋势

随着现代科学技术的发展，各种新技术、新材料、新结构、新工艺在汽车起重机上得到了广泛用，有力促进了汽车起重机技术性能的全面提升。汽车起重机技术总体上朝着大型化、液压化、多功能、高效能发展，朝着提高零部件可靠性和使用寿命、改善驾驶员操作条件的方向发展。具体来看，主要体现在以下几个方面。

**1. 广泛采用新技术**

以计算机和信息技术为代表，新技术的广泛应用有力推动着汽车起重机向信息化、自动化、智能化、规模化、模块化、通用化、简易化、多样化及高效和节能方向发展。例如，为了防止起重机超载以至倾翻，近年来研制出由微电脑控制的电子式起重力矩限制器，这是一种较为完善的安全装置。当载荷接近额定起重量时，力矩限制器自动发出警报信号；当超载时，力矩限制器自动切断起重机工作机构，以保证起重机整机的安全。随着计算机和信息技术向汽车起重机领域的纵深渗透，无线遥控技术、远程诊断服务技术、黑匣子自我保护技术等也成为汽车起重机的重要技术发展方向。

**2. 重视技术融合，向机电液一体化方向发展**

从20世纪后期开始，国际上包括起重机在内的工程机械装备的研发与生产，高度重视机、电、液、信（讯）新技术的融合，努力朝一体化迈进。其中，液压技术是研发和应用重点。我国主要汽车起重机生产厂家的产品多是液压起重机。高、精、尖液压技术在汽车起重机上的应用越来越广泛，显示出了强劲的发展态势和良好的发展前景。

**3. 通用机型以中小型为主，专用机型向大型化发展**

当前汽车起重机正朝大型化、微型化、多功能化、专用化等多极化方向发展。为了提高工程建设装卸作业的机械化程度，工程起重机的发展仍以轻便灵活的中小型起重机为主。目前国外普遍使用10 ~ 40 t级的工程起重机，从数量上看，中小吨级的占多数，因此，国外很重视改进、提高中型（16 ~ 40 t级）液压起重机的性能。但为了满足大型石油、化工、冶炼设备和高层建筑大型板材、构件的安装需求，国内外也生产一些100 ~ 1 000 t级的大型、特大型轮胎式起重机。

**4. 发展越野及全地面起重机**

汽车技术的发展，尤其是全轮驱动技术、转向技术、变矩技术、油气悬挂技术的发展和辅助制动装置性能的改善，使得越野及全地面汽车起重机的发展成为可能。进入21世纪后，越野及全地面汽车起重机迎来了广阔的发展空间。全地面起重机作为工程起重机一个重要的产品系列，综合了汽车起重机快速转移和越野轮胎式起重机越野、负载行驶的特点，这种合二为一的产品与普通类型的汽车起重机相比具有明显优势。该机型在国际市场上的销量仅次于汽车起重机。但由于全地面起重机价格昂贵，超出同等吨位汽车起重机60%，对国内很多用户而言仍属于“贵族”型产品。

利勃海尔公司作为第一家放弃传统汽车起重机生产而全心研制全地面起重机的企业，

已经研制出多桥大吨位的全地面起重机，其汽车起重机也主要为全地面产品。如图1—1—1所示为利勃海尔公司生产的500 t级和1 200 t级全地面起重机。

a)

b)

图1—1—1 利勃海尔公司全地面起重机

a）LTM1500-8.1型全地面起重机 b）LTM11200-9.1型全地面起重机

我国全地面起重机的研发工作起步较晚。直到2002年，徐州重型机械有限公司才推出首台25 t级全地面起重机，改写了中国不能制造全地面起重机的历史。我国全地面起重机的研制起步虽晚，但开发的进度很快，攻克并掌握了其区别于汽车起重机的关键技术，实现了百吨级乃至千吨级的多桥全地面起重机的跨越。2012年，徐州重型机械有限公司生产出1 600 t全地面汽车起重机，如图1—1—2所示为徐州重型机械有限公司QAY1200型全地面汽车起重机。目前，除了徐州重型机械有限公司外，还有三一集团、中联重科浦沅分公司、四川长江工程起重机有限责任公司等企业也从事全地面起重机的研制与生产。

图1—1—2 徐州重型机械有限公司QAY1200型全地面汽车起重机

## 复习思考题

1. 列举国内外主要汽车起重机生产厂家。
2. 通过网络查询等形式，列举国内主要汽车起重机生产厂家的主要产品系列。
3. 描述国内外汽车起重机的发展趋势。

## 子课题 2　汽车起重机的概念、分类及技术参数

**学习目标**

1. 掌握汽车起重机的概念。
2. 熟悉汽车起重机的用途、分类及型号。
3. 熟悉汽车起重机的主要技术参数及表示方法。

## 一、汽车起重机的概念、用途、分类及型号

### 1. 汽车起重机的概念

汽车起重机是以通用或专用汽车底盘作为安装基础，然后在其上配套安装起吊装置，并保持汽车原有的行驶性能的一种自行式起重机械。

### 2. 汽车起重机的用途

汽车起重机主要应用于工矿企业、建筑工地、港口码头、油田、铁路、仓库及货场等工况下的起重作业及吊装工作。大型建筑构件与设备的安装、大量工程材料的垂直运输与装卸等，都离不开汽车起重机。此外，汽车起重机还广泛应用于公路应急救援。在军事工程保障领域，汽车起重机也是十分重要的工程保障装备，主要用于吊装战备工事及军用桥梁构件，起吊大型武器装备，辅助完成大型零部件的安装，以及装卸工程材料等。

### 3. 汽车起重机的分类

通常所说的汽车起重机包含三大类，即汽车起重机、全地面起重机、随车起重机。

（1）汽车起重机

通常把装在通用或专用载重汽车底盘上的起重机称为汽车起重机，如图 1—1—3 所示。汽车起重机的行驶操作在下车驾驶室里完成，起重操作在上车操纵室里完成。汽车起重机由于利用汽车底盘，所以具有汽车的行驶通过性能，机动灵活，行驶速度高，可快速转移，转

图 1—1—3　汽车起重机

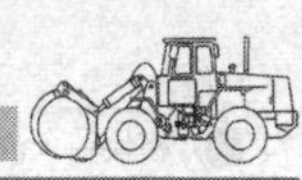

移到作业场地后能迅速投入工作，特别适用于流动性大、不固定的作业场所。汽车起重机由于具有这些特点，在我国得到了很大发展，是目前我国轮式起重机中的主力机型。汽车起重机也有其弱点，它的总体布置受汽车底盘的限制，车身较长，转弯半径大，大多数只能在左右两侧和后方作业。另外，它对地面的要求较高，越野性能差。

（2）全地面起重机

全地面起重机是集汽车起重机和越野轮胎起重机的优点于一体的高性能起重机，如图1—1—4所示。全地面起重机底盘为越野型底盘，悬挂方式为油气悬挂，在不同路面行驶时，悬挂系统均可自动调平车架，并可根据需要升高和降低车架高度，以提高行驶性能和通过能力。底盘还采用多桥驱动和全桥转向，转弯半径小，可蟹形行走，能适应不同工作环境的要求。全地面起重机具有越野性能好、行驶速度高、可360°回转作业、在平坦坚实的地面上可不用支腿吊重以及吊重行驶等优点，是轮胎式起重机的发展方向，但其价位较高，目前还不被国内大多数用户所接受。

（3）随车起重机

随车起重机是将起重作业部分装在载重货车上的一种起重机，如图1—1—5所示。随车起重机行驶操作在下车的驾驶室里完成，起重操作则为露天站在地面上完成。随车起重机的优点是既可起重又可载货，货物可实现自装卸。它的缺点是起重量小，起升高度低，作业幅度小，不能满足大型吊重安装作业要求，但因其具有既可起重又可载货的优点，在起重运输行业也占据了一定的市场。

图1—1—4　全地面起重机

图1—1—5　随车起重机

**4. 国内汽车起重机的型号**

国内汽车起重机的编号规则是用汉语拼音字母和数字组成字符串来表示，字母Q表示汽车起重机，字母Y表示液压传动，不标字母时表示机械传动，字母后面用数字表示起重机的最大额定起重量。在型号的末尾还用A、B、C、D、E、K等字母表示该汽车起重机的设计序号或改进序号。具体举例如下：

QY8B 表示最大额定起重量为 8 t 且经过二次改进的液压汽车起重机。

QY25K5-Ⅰ表示最大额定起重量为 25 t 且经过改进后的 K 系列 5 节臂液压汽车起重机。

以上是适用于国内所有汽车起重机生产厂家的产品普通型号表示，但在汽车起重机的出厂铭牌上会标明最新且最全面的汽车起重机产品型号。如徐州重型机械有限公司生产的汽车起重机型号为：

XZJ 5 24 0 J QZ 16

其具体含义为：

XZJ：表示徐州重型机械有限公司；

5：表示汽车类中的专用汽车；

24：表示整车总质量为 24 t；

0：设计序号，“0”表示没有进行过改进；

J：表示专用汽车中的举升类汽车；

QZ：表示为起重机组；

16：工厂编号 16，表示最大额定起重量为 16 t。

### 5. 国外汽车起重机的型号

（1）德国利勃海尔汽车起重机

例如 LT-1200S，L 表示利勃海尔起重机，T 表示汽车式，首位数字 1 表示该公司的产品序列代号（设计序号），后面数字 200 表示起重机的额定起重量为 200 t，最后的 S 表示带超起附加装置。

（2）日本多田野起重机

例如 TG-752，首位字母 T 表示多田野汽车起重机，第二位字母表示该起重机的起重级别（G 表示大型，L 表示中型，S 表示小型）。前两位数字 75 表示该起重机的最大额定起重量为 75 t，最后一位数字 2 表示产品的改进序列代号。

## 二、汽车起重机的主要技术参数

### 1. 尺寸参数

（1）整机全长

整机全长是全部装备的起重机，在垂直于整机纵向轴线，并分别贴靠在整机前后最外端突出部位的两垂面之间的距离。如图 1—1—6 中尺寸 $L_{\Sigma}$，单位为毫米（mm）。

（2）整机全宽

整机全宽是全部装备的起重机，在平行于整机纵向轴线，并分别贴靠在整机两侧固

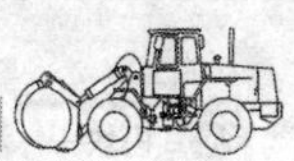

定突出部位的两垂面之间的距离。在图样中用 $B_{\Sigma}$表示，单位为毫米（mm）。

（3）整机全高

整机全高是全部装备的起重机，自支承地面到与整机最高突出部位相贴靠的水平面之间的距离。如图 1—1—6 中尺寸 $H_{\Sigma}$，单位为毫米（mm）。

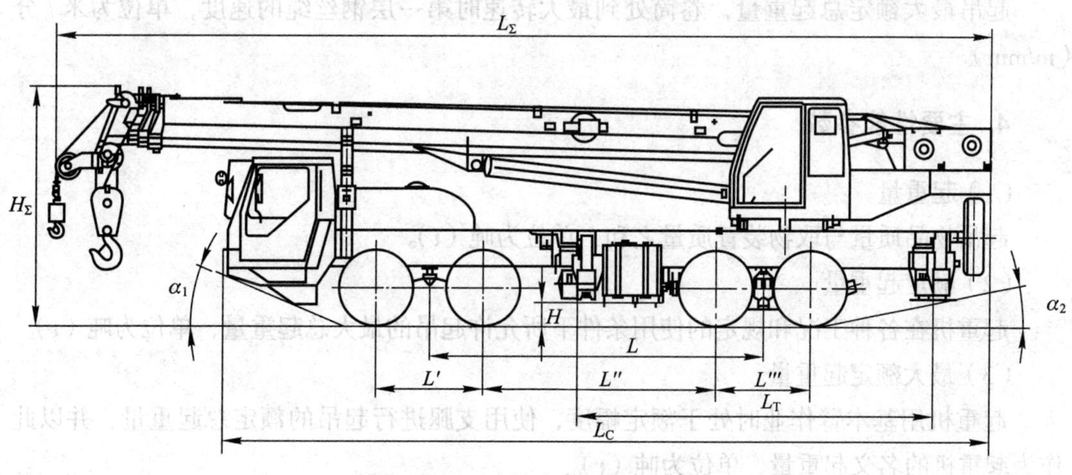


图 1—1—6　汽车起重机尺寸图

（4）轴距

轴距是分别通过起重机前后轮中心，并垂直于起重机纵向轴线的两平面之间的距离。如图 1—1—6 中尺寸 $L$，单位为毫米（mm）。对于三轴起重机，前轴和中轴的距离称为第一轴距，中轴和后轴的距离称为第二轴距。

## 2. 整机自重

整机自重是处于停驶状态的起重机，除掉乘员以外的起重机质量之和，即包括随机工具、备件、按规定加注的工作油液等起重机质量之和，单位为千克（kg）。

## 3. 工作速度参数

（1）起重臂变幅时间

起重臂（基本臂）在空载状态以最高速度在最大工作幅度和最小工作幅度内全程起臂（落臂）所用的时间，单位为秒（s）。

（2）起重臂伸缩时间

起重臂在空载状态，仰角为 50° 时，以最高速度全程伸缩所需要的时间，单位为秒（s）。

（3）最大回转速度

在空载状态，基本臂在最大仰角位置时，上车所能达到的回转速度，单位为转 / 分

（r/min）。

（4）支腿收（放）时间

支腿从全收（全放）状态运动到全放（全收）状态所用的时间，单位为秒（s）。

（5）额定钢丝绳单绳起升速度

起吊最大额定总起重量，卷筒处到最大转速时第一层钢丝绳的速度，单位为米 / 分（m/min）。

**4. 主要性能参数**

（1）起重量

起吊物品质量与取物装置质量之和，单位为吨（t）。

（2）额定起重量

起重机在各种工况和规定的使用条件下所允许起吊的最大总起重量，单位为吨（t）。

（3）最大额定起重量

起重机用基本臂作业时处于额定幅度，使用支腿进行起吊的额定总起重量，并以此作为起重机的名义起重量，单位为吨（t）。

（4）支腿距离

1）支腿纵向距离

支腿处于全放状态，分别过同侧前、后支腿座中心，并垂直于起重机纵向轴线的两垂面之间的距离。如图 1—1—6 中尺寸 $L_T$，单位为米（m）。

2）支腿横向距离

起重机停放在水平路面上，支腿处于全放状态，在过前、后支腿座中心，并垂直于起重机纵向轴线的垂面上，左右两支腿座中心之间的距离，单位为米（m）。

（5）基本臂起升高度

在空载状态，基本臂处于允许的最大仰角时，起重钩升到最高位置，从钩口中心到支承地面的距离，单位为米（m）。

（6）最长主臂（全伸臂）起升高度

在空载状态，最长主臂处于允许的最大仰角时，起重钩升到最高位置，从钩口中心到支承地面的距离，单位为米（m）。

（7）最长主臂（全伸臂）+副臂的起升高度

在空载状态，最长主臂处于允许的最大仰角时，副臂相对主臂以最小角度安装，起重钩升到最高位置，从钩口中心到支承地面的距离，单位为米（m）。

## 复习思考题

1. 简述汽车起重机的概念。

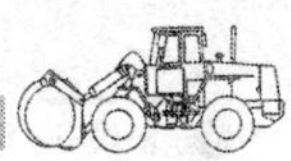

2. 汽车起重机主要分为哪三类？
3. 全地面汽车起重机的优点和缺点是什么？
4. 徐州重型机械有限公司的汽车起重机型号 QY25K5-Ⅰ表示的含义是什么？
5. 德国利勃海尔公司的汽车起重机型号 LT-1200S 表示的含义是什么？
6. 汽车起重机整机自重的含义是什么？
7. 汽车起重机最大额定起重量的含义是什么？

## 子课题 3　汽车起重机的结构组成

### 学习目标

1. 熟悉汽车起重机的整体构造。
2. 掌握汽车起重机底盘的结构组成。
3. 掌握汽车起重机工作装置的结构组成。

## 一、汽车起重机的整体构造

汽车起重机主要由底盘和上车起重工作装置两大部分组成，此外还有驾驶室等附属设备。

如图 1—1—7 所示，汽车起重机主要由汽车起重机专用底盘、驾驶室、车架、支腿、回转支承和中心回转体、平衡重、操纵室、变幅油缸、起重钩（吊钩）、起重臂（吊臂）、副起重臂和臂端滑轮组成。

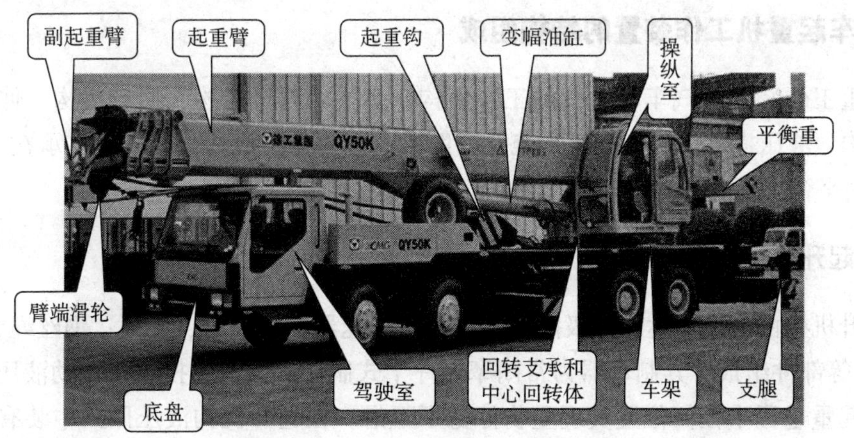


图 1—1—7　汽车起重机的整体构造

## 二、汽车起重机底盘的结构组成

汽车起重机通用和专用底盘与普通的汽车底盘相比，结构上并无多少不同，属于二类底盘（二类底盘由发动机、底盘、驾驶室和电气系统四个基本部分组成）范畴，只是增加了液压系统。其基本结构如图 1—1—8 所示。

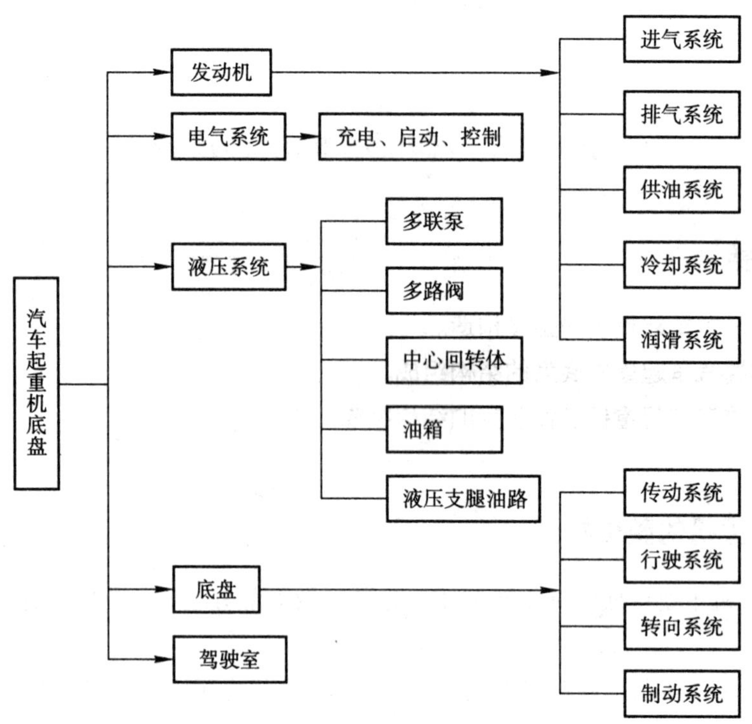


图 1—1—8 汽车起重机底盘的结构组成

## 三、汽车起重机工作装置的结构组成

起重工作装置是汽车起重机的工作机构，主要由起升机构、回转机构、伸缩机构、变幅机构、液压操纵机构、电气系统及辅助机件等部分组成。它们安装支承在下车即底盘的回转平台上，能自由回转，是上车部分的核心机构。

### 1. 起升机构

起升机构由液压马达、双级圆柱齿轮行星减速器、制动器、卷筒、钢丝绳、起重钩（吊钩）等部件组成。其制动器为常闭摩擦片干式制动器，它的控制由制动液压缸实现，并可在起重过程中任何位置实现重物停稳不下滑。在起升机构液压回路中装有平衡阀，用以控制重物下降的速度。起升机构各组成部件如图 1—1—9 所示。

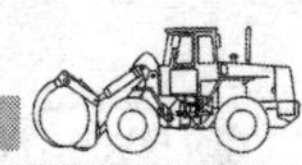

a）

b）

c）

图 1—1—9　起升机构

a）吊钩　b）卷筒及钢丝绳　c）主副卷扬马达及平衡阀

在大中型液压起重机（一般为 16 t 以上）上，一般除主起升机构外，为了提高轻载或空钩时的速度，还装设副起升机构。一般情况下两个机构分别工作，特殊情况下也可协同工作。副钩起重量一般取主钩起重量的 20%～30%。

### 2. 回转机构

回转机构是汽车起重机上十分重要的机构。其功用是使上车及其臂架相对下车部分（底盘）在设定的范围内回转。回转是围绕回转支承装置的中心轴线进行，全回转机构可实现 360° 范围回转，既可顺时针方向运动，也可逆时针方向运动。

回转机构主要由回转液压马达、回转减速器、回转支承装置、回转制动器、回转驱动装置、回转缓冲阀、中心旋转接头、回转平台组成，如图 1—1—10 所示。回转支承装置将汽车起重机的回转部分支承在固定部分上，回转驱动装置则驱动回转部分相对于固定部分回转。回转支承装置简称为回转支承，汽车起重机主要采用转盘式回转支承。

a）　b）　c）

图 1—1—10　回转机构

a）回转系统总成　b）回转减速器　c）回转缓冲阀

### 3. 伸缩机构

（1）主臂机构

汽车起重机的主臂是起重机的核心部件，是汽车起重机吊载作业最重要的承重结构件。主臂机构的强度、刚度直接影响汽车起重机的使用性能。主臂机构的质量在一定程度上反映起重机制造厂家的技术水平。主臂机构的技术含量是汽车起重机产品水平的重要标志。提高主臂机构的设计、制造、装配质量是各起重机厂家不断追求的目标。

目前汽车起重机的主臂多数是六边形、大圆角截面结构，即主臂机构模式基本相同，所不同的是主臂节数、主臂截面尺寸、主臂长度尺寸、臂间起支承作用的滑块结构形状和主臂伸缩机构形式（绳排式和单缸插销式）等有所差异。图 1—1—11 所示为某公司 25 t 汽车起重机四节臂主臂结构。

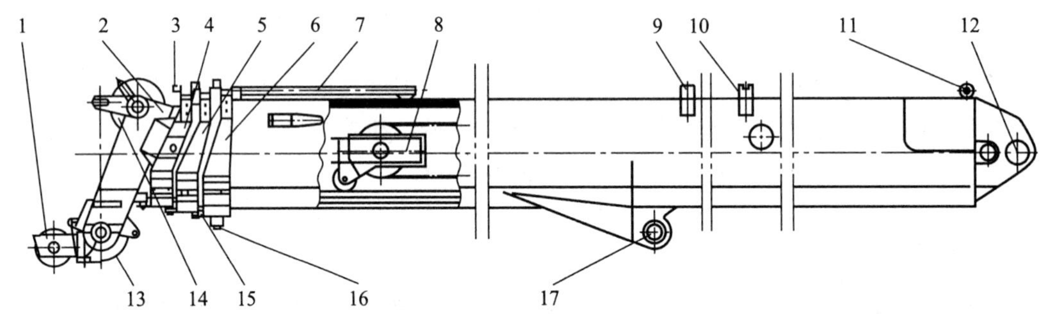


图 1—1—11　四节臂主臂结构

1—臂尖滑轮　2—四节臂　3—托绳架　4—三节臂　5—二节臂　6—一节臂　7—压绳滚轮
8—伸缩机构　9—滑板支架　10—挡板　11—绳托　12—主臂尾轴　13—定滑轮组
14—分绳滑轮组　15—调节垫块　16—托辊　17—变幅油缸下铰点轴

在第四节臂的头部，设置分绳滑轮组和定滑轮组，如图 1—1—12 所示。分绳滑轮组在各系列产品中均为两个滑轮，中间一个滑轮用于副卷扬钢丝绳通过，靠左边滑轮用于主卷扬钢丝绳通过。定滑轮组的滑轮数量在各系列产品中不同，有四片、五片和六片之分。定滑轮组滑轮片数的多少，决定该滑轮组在使用中钢丝绳倍率的大小。如四片定滑轮组与之相配合的动滑轮组（吊钩）滑轮也为四片，钢丝绳的倍率最多为 4 × 2=8。依此类推，五片滑轮钢丝绳倍率最多为 10，六片滑轮钢丝绳倍率最多为 12。

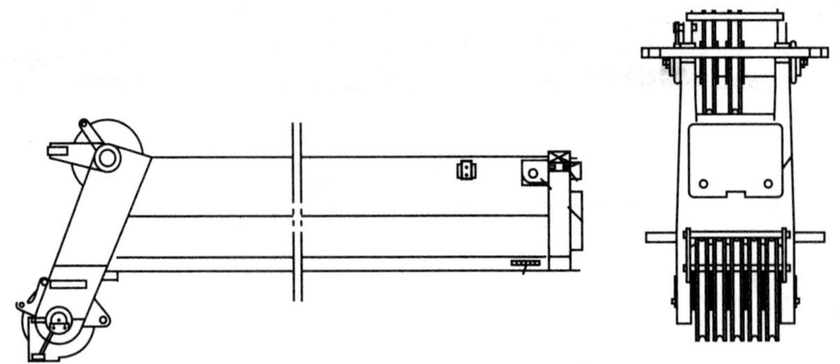

图 1—1—12　分绳滑轮组和定滑轮组

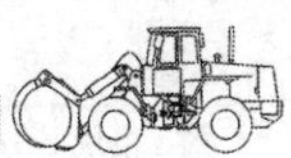



（2）副臂机构

副臂是汽车起重机重要的起重部件，也是关键的钢结构件。目前多数厂家生产的汽车起重机的副臂采用桁架式结构。副臂的作用是补偿主臂作业高度不足、扩大主臂作业范围。副臂的起重作业必须按副臂起重量性能表中规定的作业工况进行。中小吨位产品副臂的作业功能基本相同。所不同的是副臂的安装位置、尺寸、副臂的截面尺寸、副臂的节数等存在差异。如图 1—1—13 所示为某公司生产的 QY25 型汽车起重机副臂结构。

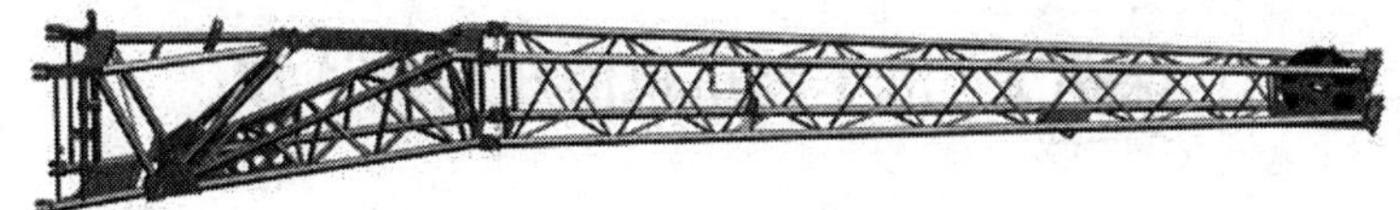

图 1—1—13　QY25 型汽车起重机副臂结构

## 4. 变幅机构

在额定起重量下，从汽车起重机吊钩中心到起重机中心回转轴线的水平距离，也就是所吊重物的回转半径或工作半径，称为工作幅度，改变工作幅度的大小称为变幅。用于完成幅度改变的一整套机构称为变幅机构。

液压变幅是伸缩臂起重机最有代表性的变幅形式，属于俯仰臂架式变幅机构，如图 1—1—14 所示。在该机构中，幅度改变是靠动臂在垂直平面内绕其销轴转动和动臂俯仰来达到的，它被广泛应用于汽车起重机。

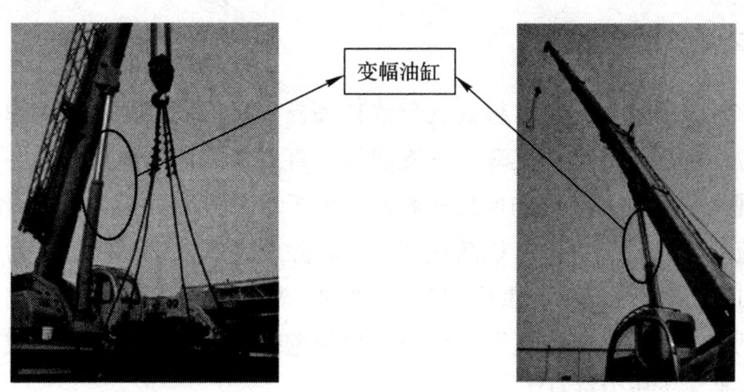


图 1—1—14　变幅机构

## 复习思考题

1. 汽车起重机主要由哪两大部分组成？
2. 汽车起重机的主要组成部件有哪些？
3. 简述汽车起重机专用底盘的结构组成。

4. 简述汽车起重机起升机构的各组成部分及作用。
5. 简述汽车起重机回转机构的各组成部分及作用。
6. 简述汽车起重机主臂机构的结构组成。
7. 简述汽车起重机变幅机构的各组成部分及作用。

# 课题 2　汽车起重机液压系统认知

**学习目标**

1. 熟悉汽车起重机底盘液压系统组成及功用。
2. 掌握汽车起重机底盘液压系统工作原理。
3. 了解全地面汽车起重机底盘悬挂液压系统组成。
4. 熟悉汽车起重机工作装置液压系统组成及功用。

## 一、汽车起重机底盘液压系统

### 1. 底盘液压系统工作原理

如图 1—2—1 所示是某汽车起重机产品 H 型支腿机构的液压系统工作原理图。该机构用四个三位四通手动换向阀实现水平支腿与垂直支腿的伸出选择，用一个三位六通手动换向阀实现水平和垂直支腿的伸出和收回。由于水平伸出时压力较小，故在伸出时采用了二次溢流阀进行安全保护，以防损坏油缸。除此之外，该回路中还增加了第五支腿（如图示 A1B1），以实现汽车起重机的 360° 作业。下车多路阀为六联多路阀组，其中第一片（从左到右）为总控制阀，第二到第六片为选择阀，分别选择水平或垂直位置（操作杆上抬为水平，下压为垂直）。

当选择阀处于水平（垂直）位置时，操作第一片阀，可以实现水平（垂直）油缸的伸出与缩回（上抬为缩回，下压为伸出）。支腿操作可以联动，也可以单独操作，实现动作的微调。多路阀中设有安全阀 RB1、RB2 及 RB3。RB1 的设定压力为 20 MPa，其作用是限制供油泵的最高压力，对系统起保护作用；RB2 的作用是限制水平油缸伸出的最高压力，以防损坏油缸；RB3 的作用是限制第五支腿伸出的最高压力，保护底盘大梁，防止其受力过大而变形损坏。

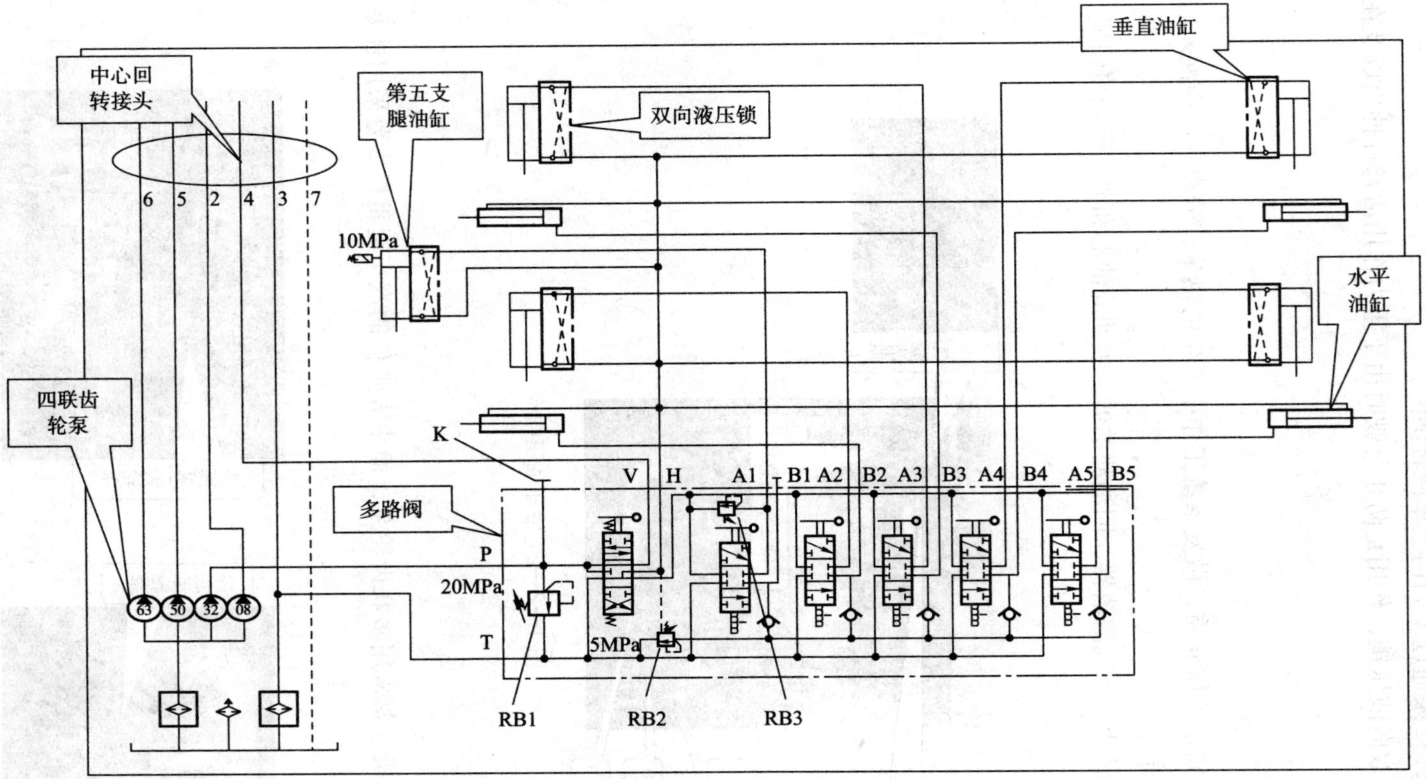

图1—2—1 支腿液压系统工作原理图

在 K 口装有测压接头，可以快速将测压工具装上，检测系统压力。

当操作阀在中位时，32 泵通过 V 口向上车回转供油。

在垂直油缸上装有双向液压锁，作用是防止行驶时由于重力作用活塞杆伸出以及在作业时油缸回缩。

### 2. 液压油箱总成

油箱的基本功能是储存工作介质，散发系统工作中产生的热量，分离油液中混入的空气，沉淀污染物及杂质。

液压油箱由液位液温计、空气滤清器、回油滤油器、吸油滤油器和泄漏回油口组成，如图 1—2—2 所示。

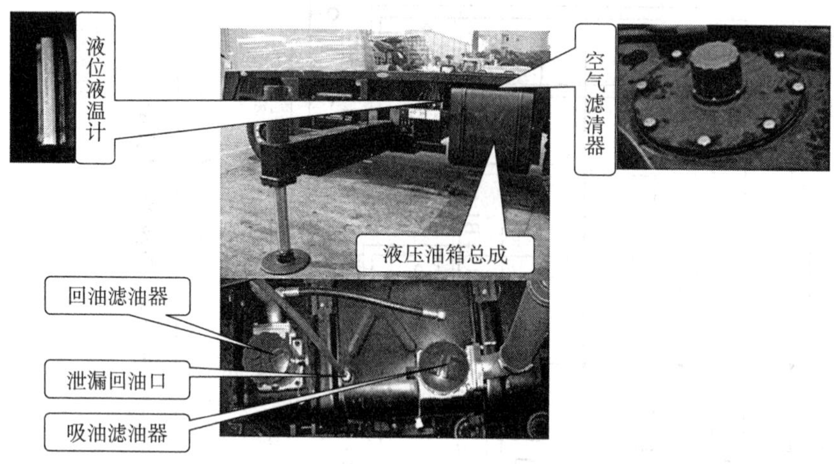


图 1—2—2　液压油箱结构

### 3. 液压油泵

小吨位的汽车起重机主要采用多联齿轮泵，而中大吨位的汽车起重机主要采用柱塞泵，如图 1—2—3 所示。

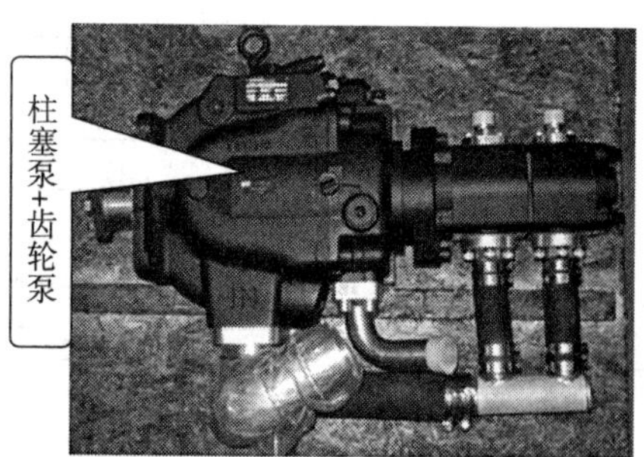


图 1—2—3　液压油泵结构

### 4. 下车多路阀

下车多路阀是支腿液压系统的控制元件，控制水平支腿和垂直支腿伸缩，同时集成在阀块中的溢流阀能够限制系统的最高压力，对系统起安全保护作用，如图 1—2—4 和图 1—2—5 所示。

图 1—2—4　下车多路阀结构

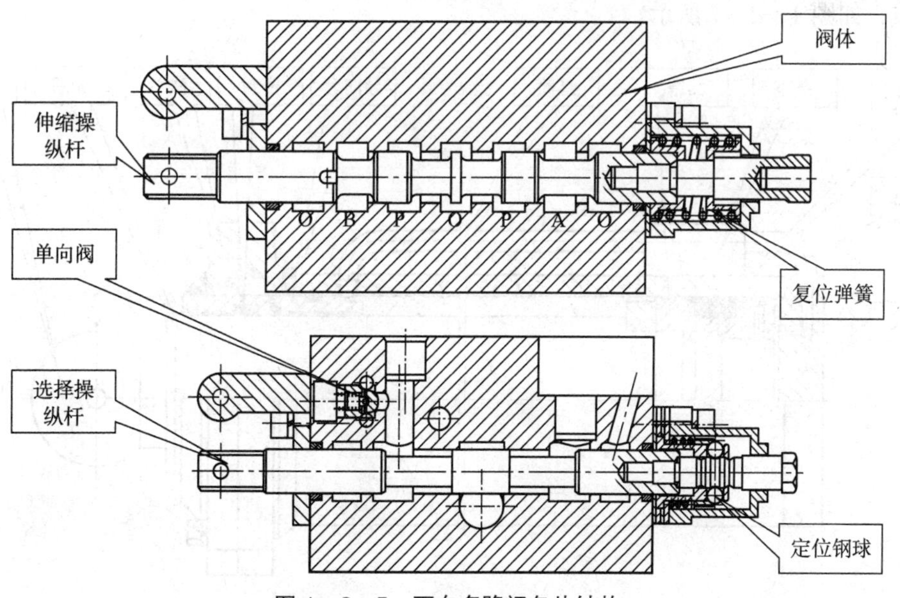


图 1—2—5　下车多路阀各片结构

### 5. 水平油缸

水平油缸在液压油的作用下控制活动支腿的伸缩，主要由接头座、缸杆、杆密封、压盖、导向套、缸筒、活塞、活塞密封、油管等组成，如图 1—2—6 所示。

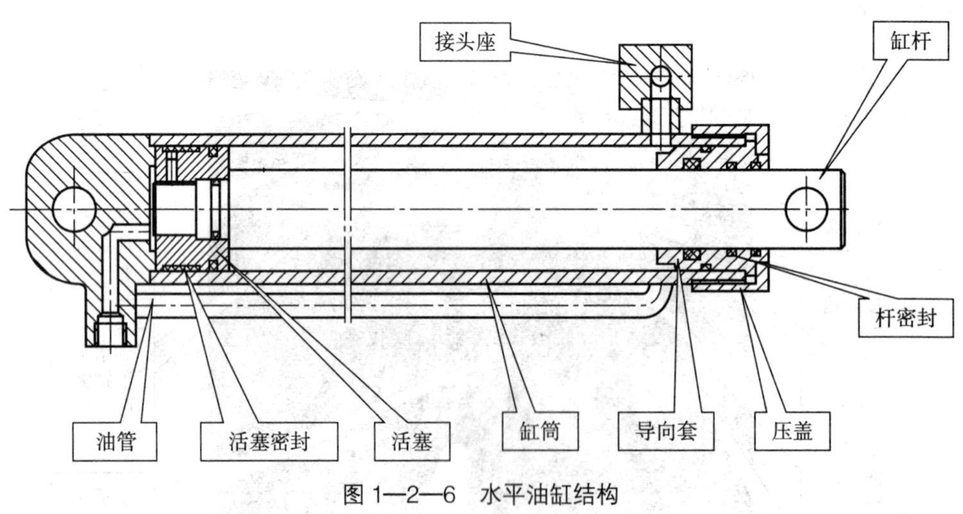


图 1—2—6 水平油缸结构

### 6. 垂直油缸

垂直油缸在液压油的作用下控制将整车支离地面，并在上车作业时提供可靠支撑，主要由缸底、油管、活塞密封、锁座、活塞、缸筒、导向套、密封、法兰、缸杆、球头等组成，如图 1—2—7 所示。

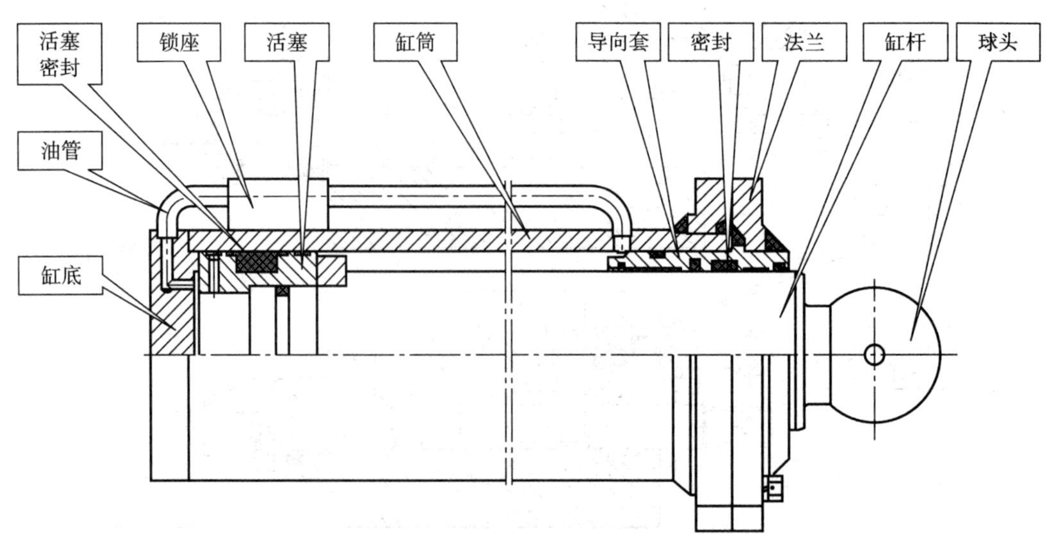


图 1—2—7 垂直油缸结构

### 7. 双向液压锁

双向液压锁的作用是保证上车作业时缸杆不回缩和支腿缩回后缸杆不自动外伸，如图1—2—8和图1—2—9所示。

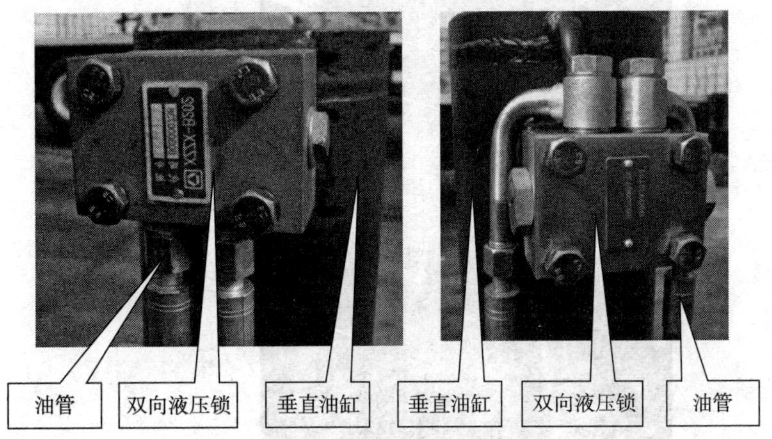


图1—2—8　双向液压锁外部结构

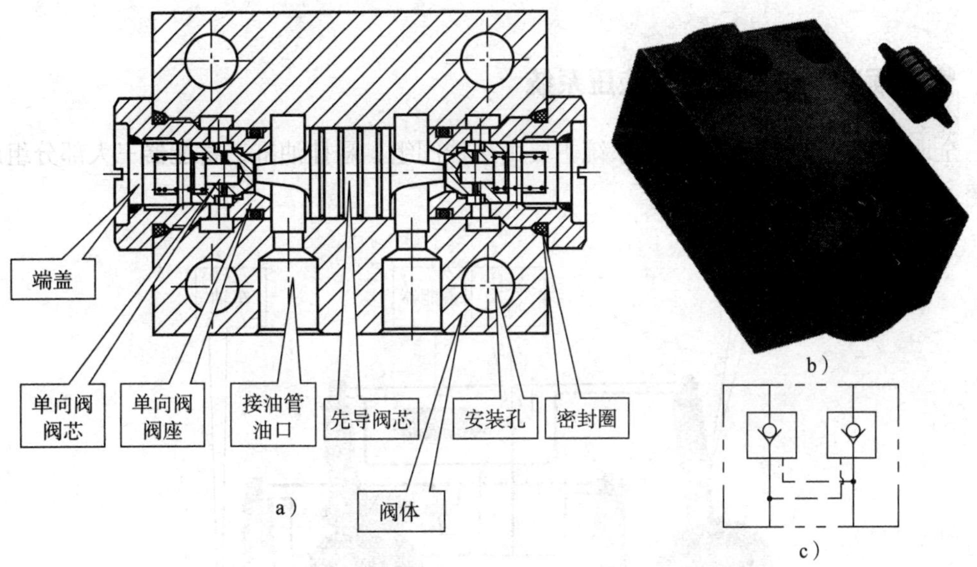


图1—2—9　双向液压锁内部结构、实物图和图形符号
a）内部结构　b）实物图　c）图形符号

### 8. 中心回转体

中心回转体是中小吨位（单发动机）汽车起重机必不可少的液压电气元件。它的作用是把上、下车相对运动的液压电气系统有效连接起来，使系统稳定可靠工作。其结构

组成如图 1—2—10 所示。

图 1—2—10　中心回转体结构

## 二、全地面起重机底盘悬挂液压系统

全地面起重机底盘悬挂液压系统主要由悬挂阀组、悬挂油缸、蓄能器三大部分组成，如图 1—2—11 所示。

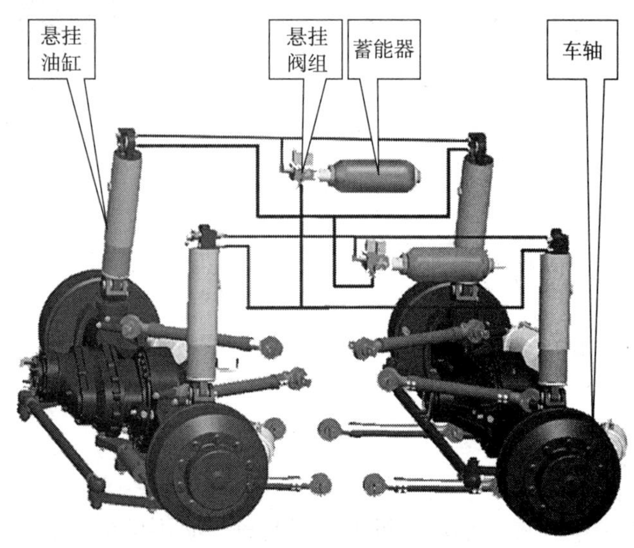


图 1—2—11　悬挂液压系统

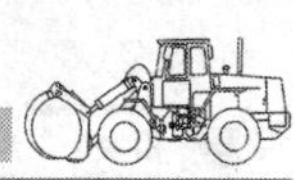

### 1. 悬挂阀组

悬挂阀组的功能是：控制悬挂的弹性、刚性的功能转换，控制车架的升降，进行悬挂的调平。其结构组成如图 1—2—12 所示。

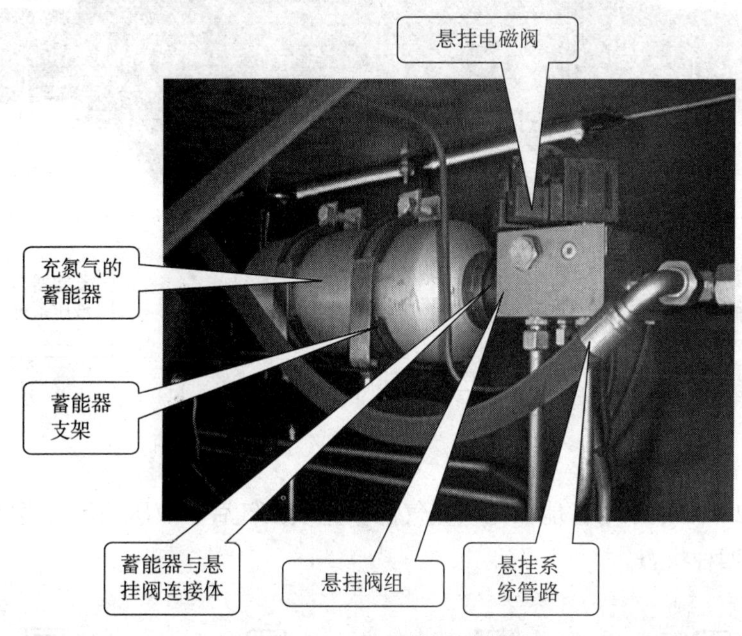

图 1—2—12　悬挂阀组结构

### 2. 悬挂油缸

悬挂油缸是连接车架和车轴的元件。其作用为：支承车架及车架以上的重量，将地面给轮胎的力传递给蓄能器和车架，是车架升降的执行元件。其结构组成如图 1—2—13 所示。

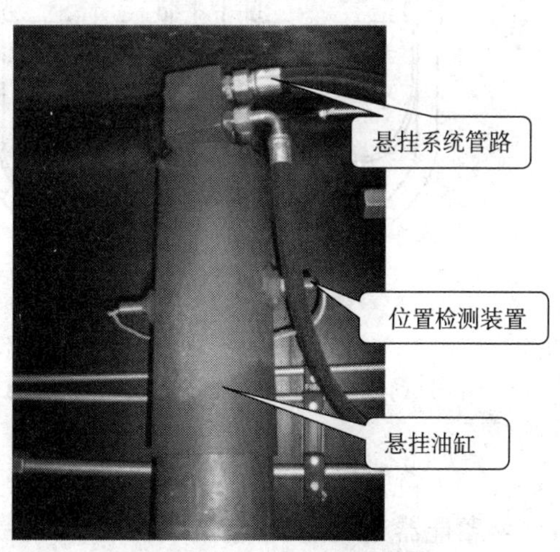

图 1—2—13　悬挂油缸结构

### 3. 蓄能器

（1）蓄能器的组成

蓄能器由蓄能器气囊、蓄能器主体、蓄能器与液压系统连接口和蓄能器初始充气压力调节口组成，如图 1—2—14 所示。

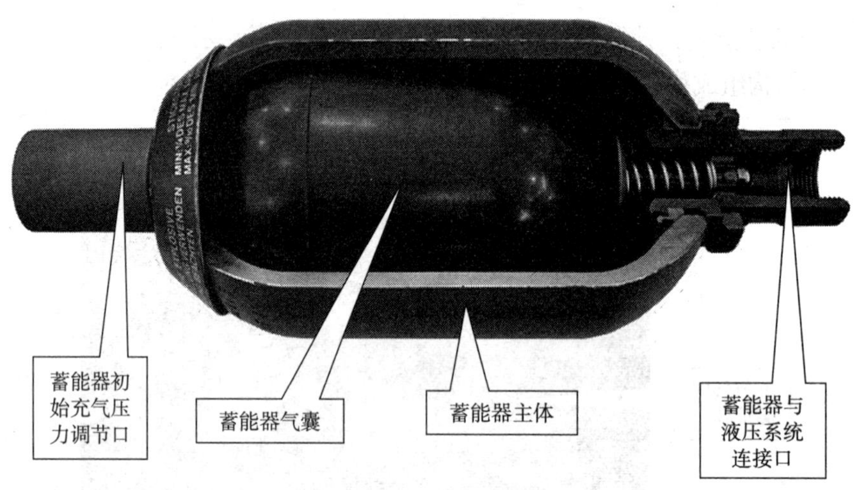


图 1—2—14 蓄能器结构

（2）蓄能器的工作状态

如图 1—2—15 所示为蓄能器充填氮气前、充填氮气后、液压油流入蓄能器和液压油流出蓄能器的四种状态。

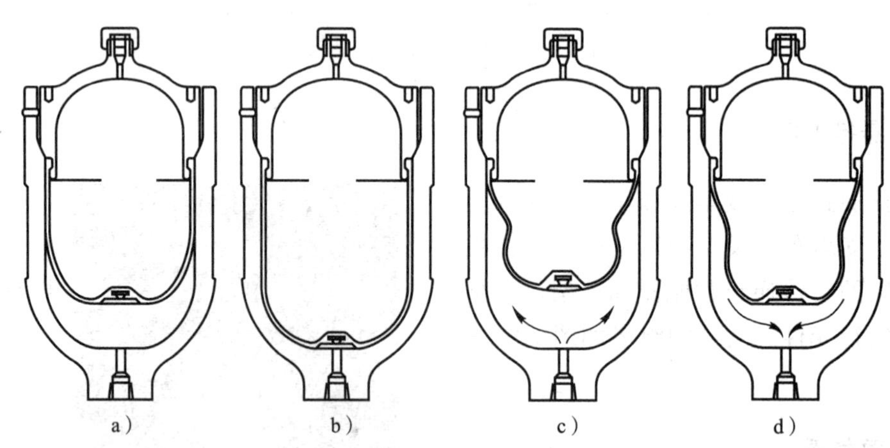


图 1—2—15 蓄能器工作状态

a）充填氮气前 b）充填氮气后 c）液压油流入蓄能器 d）液压油流出蓄能器

（3）蓄能器充放气压力调节方法

蓄能器充放气压力调节方法如图 1—2—16 所示。

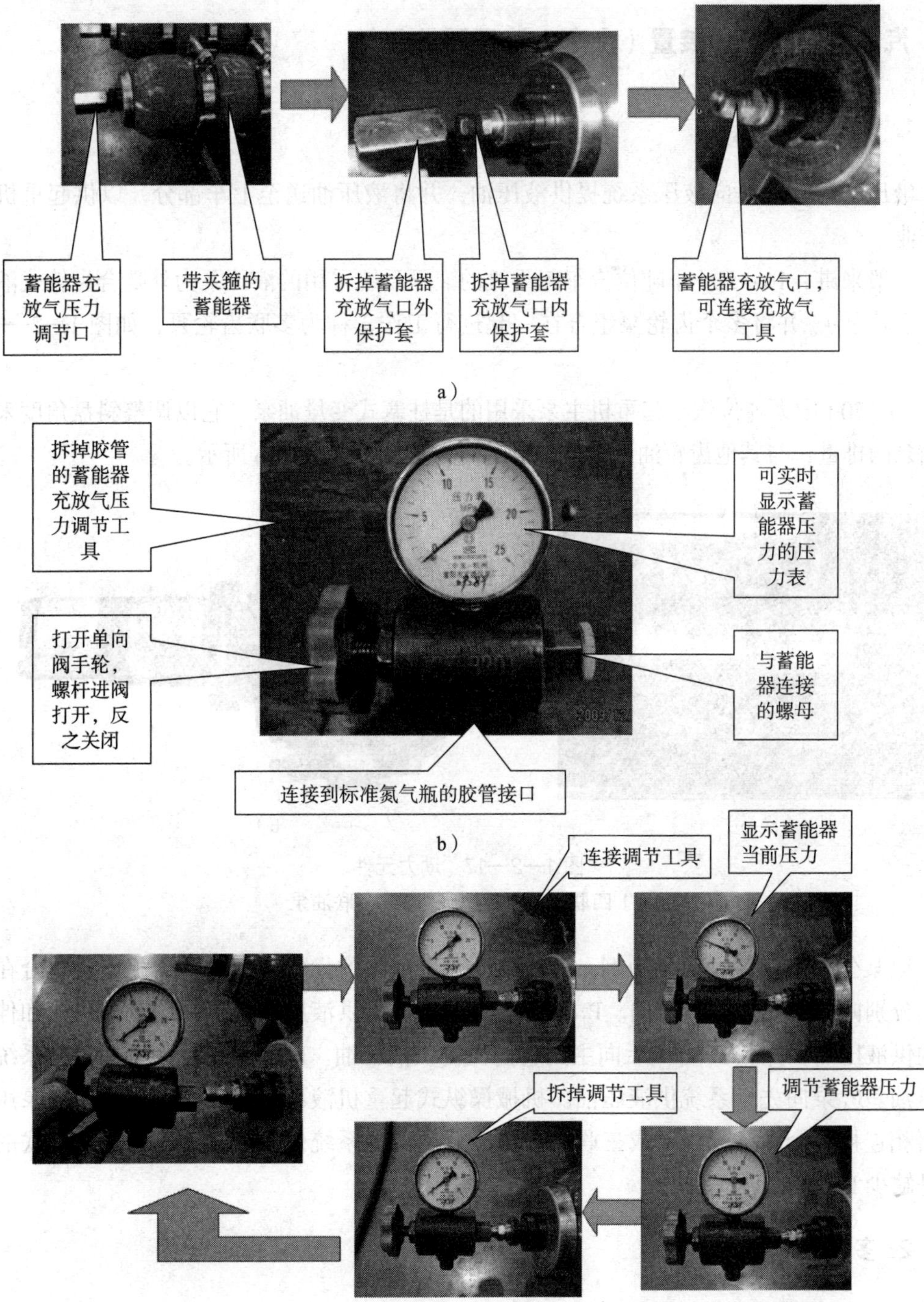

a）



b）



c）

图 1—2—16　蓄能器充放气压力调节方法

a）拆掉蓄能器充放气口保护套　b）准备蓄能器充放气压力调节工具　c）调节蓄能器充放气压力

## 三、汽车起重机工作装置（上车）液压系统

### 1. 动力元件

液压泵的功能是向液压系统提供液压油，并将液压油送至上车部分，以供起重机正常作业。

一般来讲，16 ~ 50 t 小吨位汽车起重机的液压系统采用的液压泵为外啮合齿轮式液压泵（齿轮泵），并将多个齿轮泵组合在一起进行工作，称为多联齿轮泵，如图 1—2—17a 所示。

60 ~ 70 t 中大吨位汽车起重机主泵采用的是柱塞式变量油泵，它以调整斜盘角度来改变油泵的排量，与其他齿轮油泵组成多联油泵，如图 1—2—17b 所示。

a）　　b）

图 1—2—17　动力元件

a）四联齿轮泵　b）柱塞式多联油泵

以某公司的四联齿轮泵为例，液压泵由四个独立的齿轮泵用联轴器相连接组合在一起，分别向各系统提供液压油。$P_1$ 泵向主副卷扬机构供液压油。$P_2$ 泵向变幅机构和伸缩机构供液压油，并和 $P_1$ 合流后向主副卷扬机构供液压油。$P_3$ 泵向支腿系统和回转系统供液压油。$P_4$ 泵向先导系统供液压油。机械操纵式起重机液压泵由三个独立的齿轮泵用联轴器相连接组合在一起，组成三联齿轮泵，分别向各系统供液压油，与先导控制式的差别是缺少 $P_4$ 先导油泵。

### 2. 多路换向阀

把几个单独的手动换向阀和其他液压阀组合在一起，以适应工作的需要，这种阀称为组合式换向阀，或称为多路换向阀。它由换向阀、溢流阀及单向阀等组成，是液压系统中的控制元件。液压系统中只有设置了各种控制阀，才能保证汽车起重机各工作机构具有完善的性能和准确的动作。某公司使用的 DL25 多路换向阀的外形如图 1—2—18 所示。

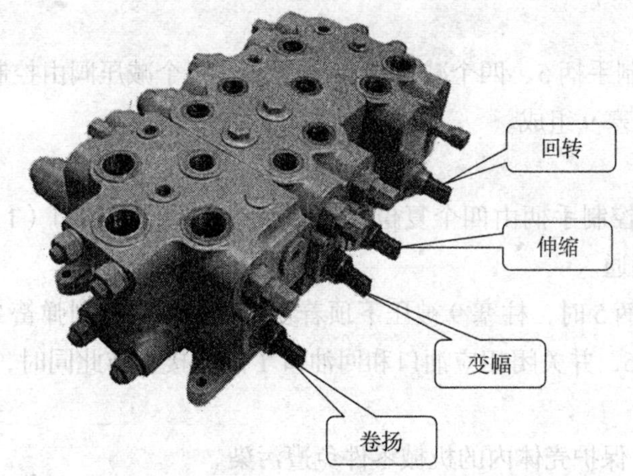


图 1—2—18　DL25 多路换向阀

### 3. 先导手柄

先导手柄工作原理图和结构图如图 1—2—19 所示。

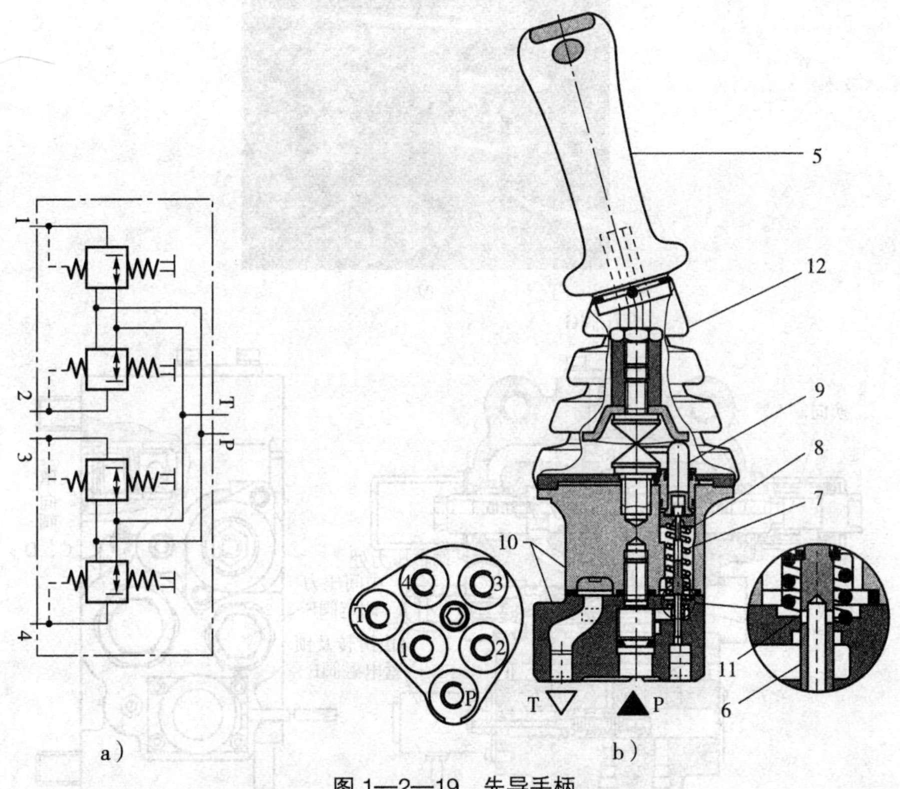


图 1—2—19　先导手柄

a）工作原理图　b）结构图

1、2、3、4—油口　5—控制手柄　6—控制阀芯　7—控制弹簧　8—复位弹簧

9—柱塞　10—壳体　11—油孔　12—橡胶防尘罩

（1）构造

它主要包括控制手柄 5、四个减压阀和壳体 10，每个减压阀由控制阀芯 6、控制弹簧 7、复位弹簧 8 和柱塞 9 组成。

（2）原理

在静止位置，控制手柄由四个复位弹簧 8 保持在中位，油口（1、2、3、4）通过油孔 11 与回油口 T 相通。

当扳动控制手柄 5 时，柱塞 9 被压下顶着复位弹簧 8 和控制弹簧 7。控制弹簧 7 开始向下推动控制阀芯 6，并关闭相应油口和回油口 T 的连接。与此同时，相应油口通过油孔 11 与油口 P 相通。

橡胶防尘罩 12 保护壳体内的机械零件免遭污染。

### 4. 回转缓冲阀

回转缓冲阀如图 1—2—20 所示。

a)

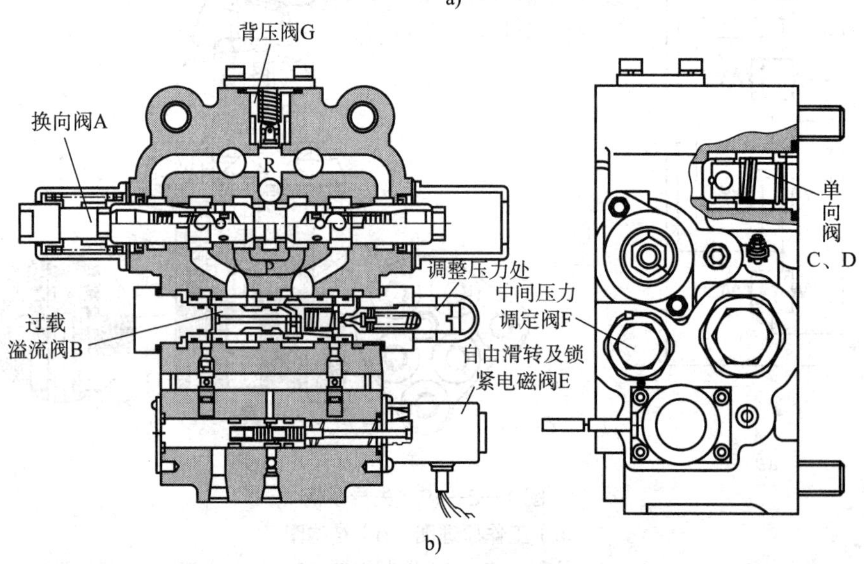


b)

图 1—2—20　回转缓冲阀

a）实物图　b）结构图

回转缓冲阀用于控制液压马达的旋转动作，它是由各种阀构成的复合阀。

（1）换向阀 A：用于控制液压油流动方向。

（2）过载溢流阀 B：既是过载溢流阀，又是一个制动阀。其作用在于限制锁住转台时的最高制动油压值。最高制动油压由最大压力调定液控阀及中间压力调定阀 F 的压力调定值所决定。

（3）单向阀 C、D：液压马达被外力驱动时，单向阀可构成供油回路，当液压马达的任一油孔出现负压时，系统就经上述单向阀为其供油。

（4）回转机构自由滑转及锁紧电磁阀 E：通过操作该电磁阀，可实现转台锁紧或自由滑转状态的切换。

（5）中间压力调定阀 F：转台处于自由滑转状态时，利用此阀的调节量可调出最大制动油压值。当回转机构自由滑转及锁紧电磁阀 E 位于锁紧位置时，此阀不起作用。

（6）背压阀 G：背压阀用于在回油管路中产生背压。当液压马达被外力驱动起油泵作用时，背压阀用来给液压马达的吸油孔供油。背压阀还用来防止在此情况下可能发生的气穴现象。

### 5. 平衡阀

对于汽车起重机，平衡阀主要用在变幅、伸缩和卷扬控制系统中。下面以变幅平衡阀（图 1—2—21）为例介绍平衡阀的作用及工作原理。

a）

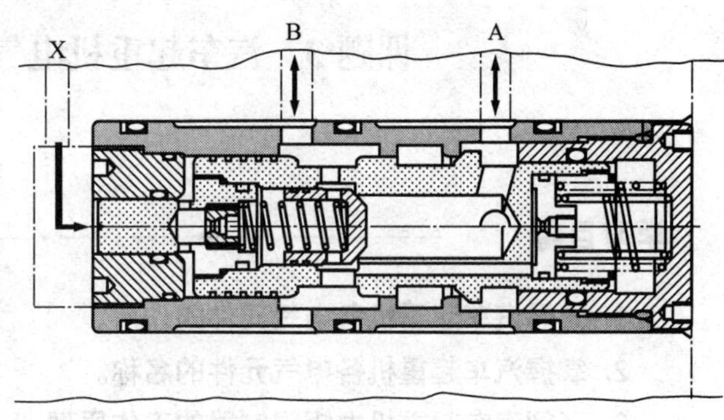


b）

图 1—2—21　变幅平衡阀

a）实物图　b）结构图

变幅平衡阀的作用在于防止降臂时油缸活塞杆在载荷的作用下以超过液压油供应流量的速度缩回。此外，若此阀与多路阀之间的管路破裂时，它还有防止油缸突然缩回的功能。

从多路阀变幅联油口流出的液压油通过平衡阀后进入变幅油缸的无杆腔，推动油缸活塞杆向外伸出，使吊臂仰起。降臂时依靠多路阀变幅联另一油口进入变幅油缸的有杆腔并推动平衡阀内的控制活塞，打开油道，使无杆腔回油，油缸活塞杆在液压油压力的作用下回缩，吊臂下降。

对于部分中小吨位的汽车起重机和大多数大吨位的汽车起重机而言，吊臂下降是依靠先导油路的控制油液推动平衡阀控制活塞，打开油道，无杆腔回油，吊臂在重力的作用下下降。

## 复习思考题

1. 简述汽车起重机底盘支腿液压系统的工作原理。
2. 简述下车多路阀的结构组成。
3. 简述水平油缸和垂直油缸的结构组成。
4. 简述双向液压锁的结构组成。
5. 简述中心回转体的各部分组成。
6. 全地面起重机底盘悬挂系统主要由哪三部分组成？
7. 蓄能器的主要部件有哪些？
8. 简述蓄能器充放气压力的调节方法。
9. 四联齿轮泵的各联油泵分别给哪些系统供油？
10. 简述先导手柄的结构组成。

# 课题 3　汽车起重机电气系统认知

### 学习目标

1. 熟悉汽车起重机各电气元件的作用。
2. 掌握汽车起重机各电气元件的名称。
3. 了解汽车起重机力矩限制器的工作原理。
4. 掌握汽车起重机常用电气符号和标志框含义。

## 一、汽车起重机电气系统组成

### 1. 底盘驾驶室电气系统

汽车起重机底盘驾驶室电气系统主要由仪表、仪表盘线束、熔断器、断路保护器

（图1—3—1）、开关及指示器（图1—3—2）、灯光控制开关（图1—3—3）、雨刮及排气制动控制开关（图1—3—4）、继电器、音响、空调、雨刮电动机、电子油门踏板（图1—3—5）等电气元件组成。

图1—3—1　断路保护器

图1—3—2　开关及指示器

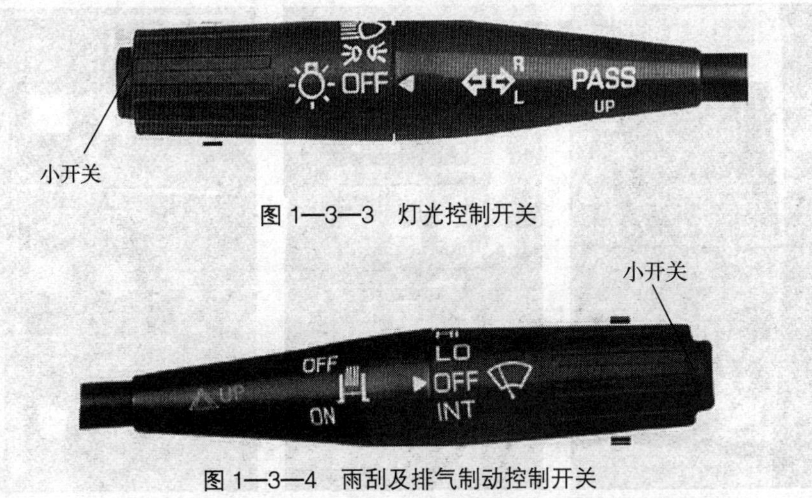


图1—3—3　灯光控制开关



图1—3—4　雨刮及排气制动控制开关

图1—3—5　电子油门踏板

仪表包括发动机转速表、发动机水温表、发动机机油压力表、车速里程表、燃油表、电压表、双针气压表等。

操纵开关包括启动开关、灯光开关、取力开关、熄火开关、诊断开关等。

## 2. 大梁线束

大梁线束是起重机底盘的“神经”，各种电气元件通过它实现对底盘的控制、操纵等动作，它是一个非常重要的电气部件。

大梁线束由发动机线束、ABS 线束、电刷总成等部分组成。

## 3. 操纵室电气系统

操纵室电气系统由仪表箱、左控制器、右控制器、手柄、工作灯等组成，如图 1—3—6 所示。

图 1—3—6　操纵室电气系统结构

a）仪表箱　b）左控制器　c）右控制器　d）手柄　e）工作灯

#### 4. 转台电气系统

转台电气系统主要通过转台线束将控制板与转台上的灯、电磁阀、开关等连接起来，并与回转电刷连接，给上、下车传递信号。

#### 5. 力矩限制器系统

（1）力矩限制器系统的组成

全自动力矩限制器系统主要由主机—中心控制器、CAN 接线盒、彩色液晶图形显示器、油压传感器、长度 / 角度传感器、高度限位开关及重锤等组成，如图 1—3—7 所示。

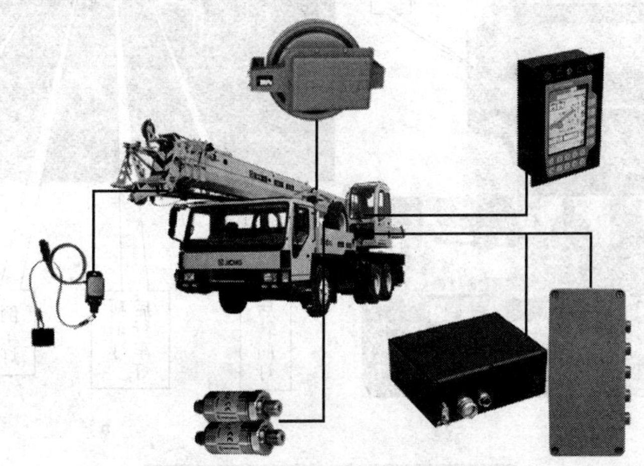

图 1—3—7　力矩限制器系统结构

（2）力矩限制器系统的工作原理

力矩限制器系统按实际力矩与额定力矩比较的原则进行控制。微处理器根据各传感器输入的吊臂长度、角度信号，计算出起重机的作业半径。根据压力传感器输入的信号计算出变幅油缸的受力，然后算出起重力矩。根据力传感器测量得出的实际值在微处理器中与存储在中心控制器存储器中的额定值进行比较，达到极限时，在显示器上发出过载报警信号，同时，主机输出控制信号，结合起重机的外围控制元件，起重机的危险动作自动停止。起重机的性能结构参数存储于中心处理器中，用这些参数来计算操作状况的数据。吊臂长度、角度由安装于吊臂上的卷线盒测量，测长线同时用于高度限位器信号的传输。起重机实际载荷的大小由装在变幅油缸有杆腔和无杆腔上的压力传感器测量之后经换算进入微处理器，结合起重机结构参数由微处理器经复杂计算得出。

#### 6. 照明系统

照明系统指安装在起重机上的各种灯具，主要用于照明、示廓、发送信号等。车头的灯具包括前照灯、前转向灯、前行车灯、前示廓灯、前雾灯等，车尾的灯具包括后示廓灯、后雾灯、后转向灯、后行车灯、刹车灯、倒车灯、牌照灯、仪表照明灯、工作灯、臂头灯等，车身部分安装侧标志灯，如图 1—3—8 所示。

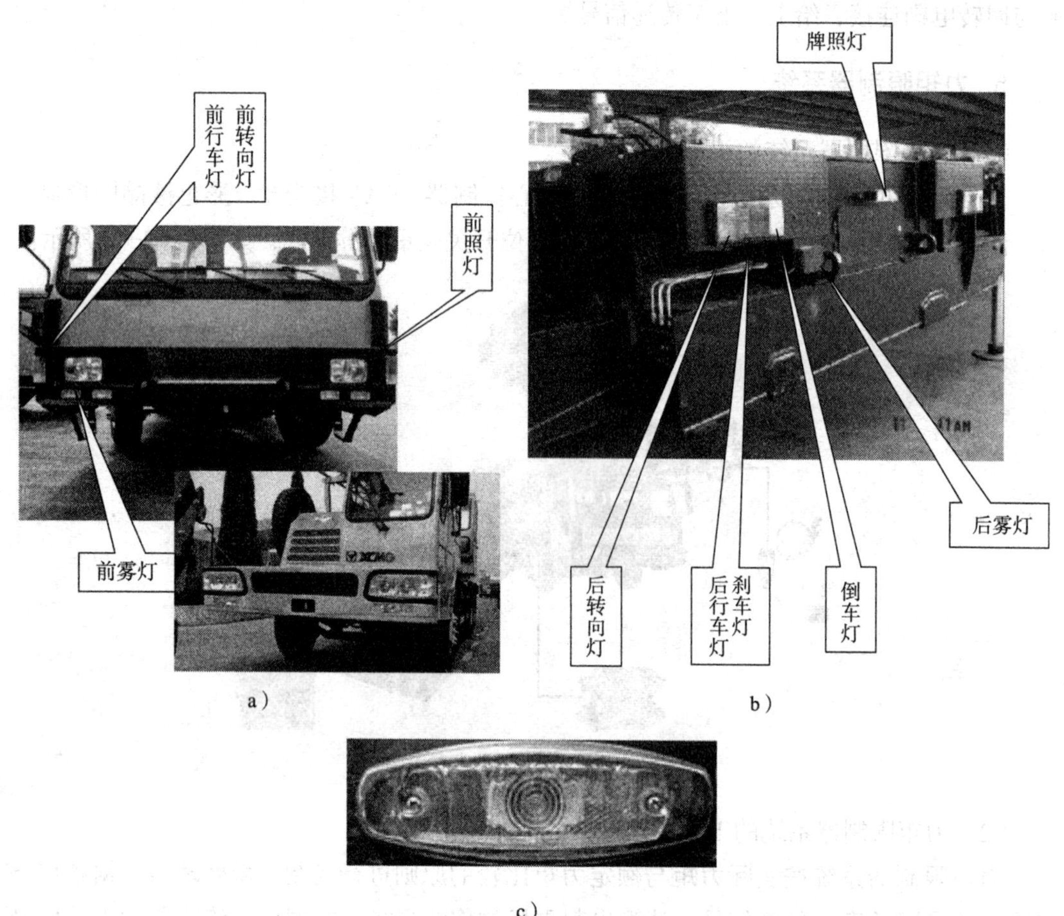


图 1—3—8　照明系统

a）车头灯　b）车尾灯　c）侧标志灯

### 7. 电源系统

汽车起重机电源系统结构如图 1—3—9 所示。

汽车起重机供电系统为直流 24 V 单线制电源，负极搭铁，系统采用两个 12 V 蓄电池串联和一台发电机供整车用电。汽车起重机启动时由蓄电池提供电能，当发动机运行后，由发电机发出的 28 V（波动 0.3%）直流电源提供本车电能，并同时给蓄电池充电。

上车电源由下车提供，当下车挂上取力装置之后，由下车经过中心回转体 14 芯插座

的第一个端口给上车供电。

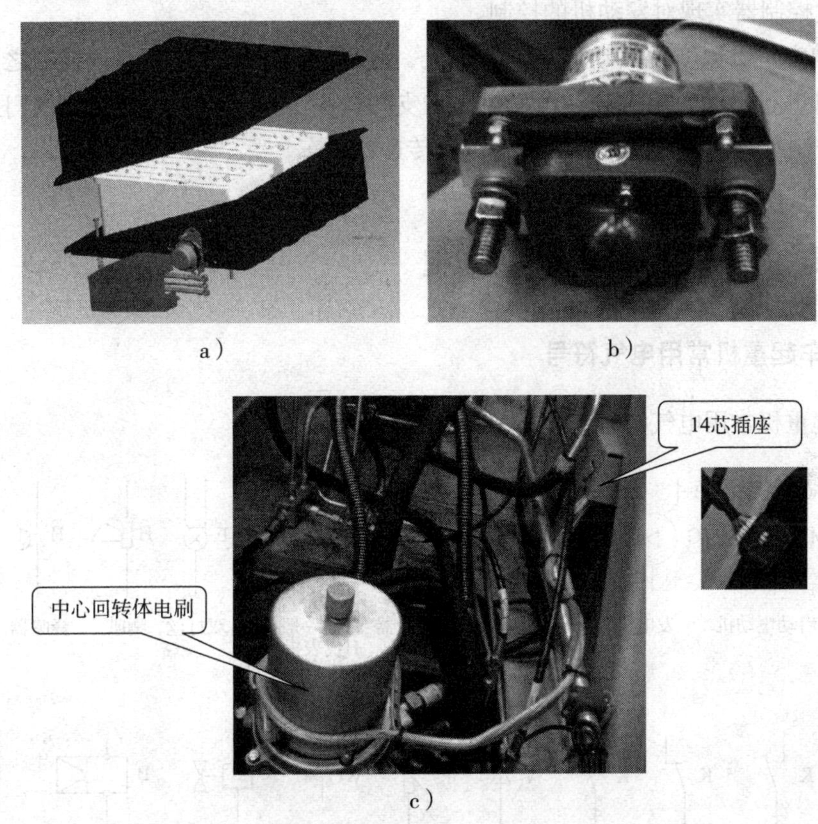


a）　b）

c）

图 1—3—9　电源系统结构
a）蓄电池　b）交流接触器　c）中心回转体电刷

### 8. 发动机控制系统

汽车起重机发动机控制系统如图 1—3—10 所示。

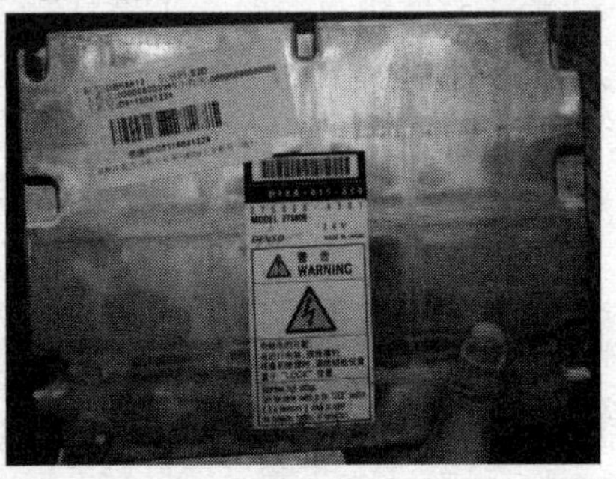


a）　b）

图 1—3—10　发动机控制系统
a）发动机　b）控制器

小吨位汽车起重机只有一个发动机，目前发动机的控制都是将信号传递给发动机控制器，通过控制器实现对发动机的控制。

在驾驶室里可以实现发动机启动、熄火，进行油门操纵。挂上取力装置之后，在操纵室里可以进行启动、熄火和油门操纵，在支腿操纵手柄旁可以进行支腿油门操纵。上车发动机控制信号都是经过中心回转体电刷传递给下车。

## 二、汽车起重机常用电气符号与标志框

### 1. 汽车起重机常用电气符号

汽车起重机常用电气符号如图 1—3—11 所示。

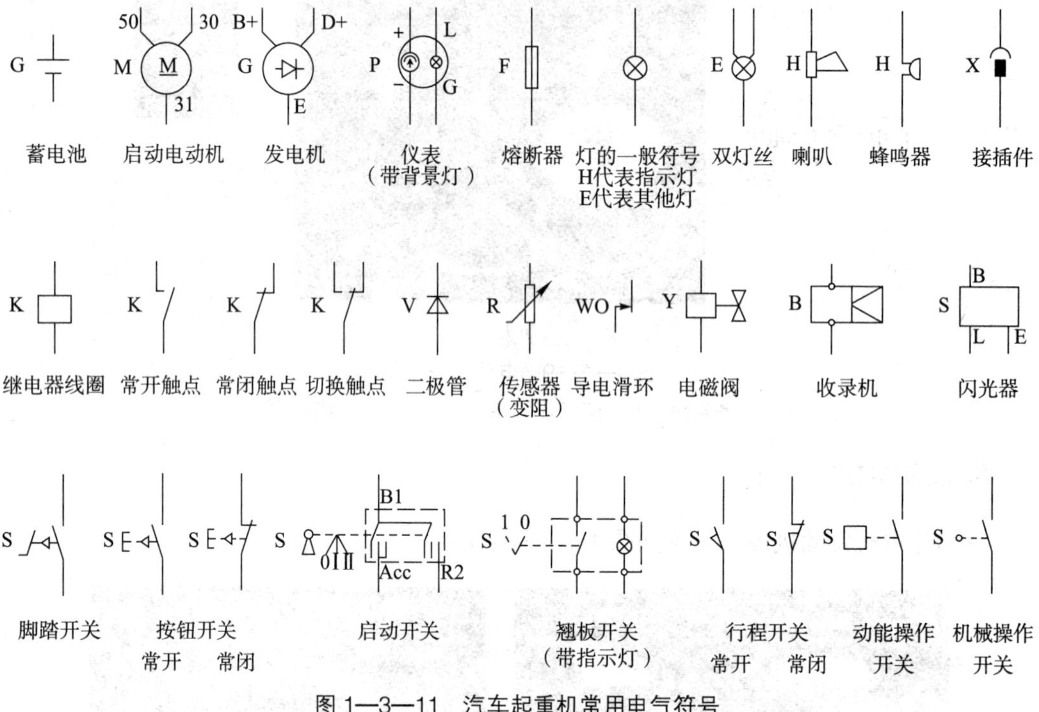


图 1—3—11　汽车起重机常用电气符号

### 2. 汽车起重机常用标志框

汽车起重机常用标志框如图 1—3—12 所示。

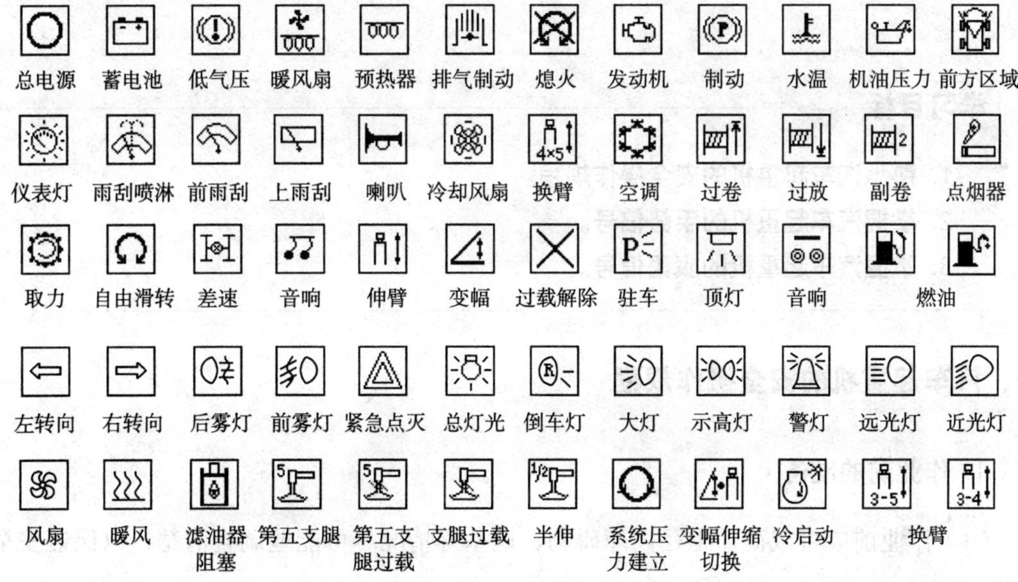


图 1—3—12 汽车起重机常用标志框

## 复习思考题

1. 简述汽车起重机底盘驾驶室电气系统的主要组成。
2. 汽车起重机底盘驾驶室主要有哪些仪表？
3. 汽车起重机底盘驾驶室主要有哪些操纵开关？
4. 简述大梁线束的组成。
5. 汽车起重机操纵室电气系统主要包括哪几个部分？
6. 简述力矩限制器系统的结构组成和工作原理。
7. 汽车起重机照明系统主要包括哪些元件？
8. 简述汽车起重机电源系统的组成及功能。
9. 画出继电器线圈和闪光器的电气符号。
10. 画出远光灯和近光灯的图形标志。

# 课题 4 汽车起重机安全操作规程及指挥信号

## 学习目标

1. 熟悉汽车起重机的安全操作规程。
2. 掌握汽车起重机的手势信号。
3. 掌握汽车起重机的旗语信号。

## 一、汽车起重机的安全操作规程

### 1. 作业前的准备

（1）作业前应将载荷、半径内障碍物、地基等情况尽可能地调查清楚，以保证安全作业。

（2）检查作业场地。作业地面应坚实平整，如遇松软地基或起伏不平的地面，一定要垫上适当的木块，在确认安全后才能开始工作。

（3）按润滑保养规定给各润滑点加油。检查液压油箱中的油是否在规定的刻线范围内。

（4）检查吊臂伸缩用钢丝绳的张力和磨损情况。

（5）检查起升制动器是否可靠及各部件、零件的紧固情况。检查吊具、吊扣的牢固程度。

（6）发动机启动后，进行怠速运转，使发动机充分磨合。

（7）接通取力装置前，要确定各操作杆和开关均在“中位”或“断开”的位置上。

（8）液压泵启动时，应以低速运转，并空载运转数分钟，观察有无漏油或异常现象。

（9）进行空载操作，以检查各操作杆和开关有无异常现象，如有异常情况，应立即查明原因并进行修理。

（10）按规定步骤对力矩限制器的功能进行作业前预检（参阅相关使用说明书），检查其他安全装置（如压力表）是否能正常工作。

### 2. 作业时的注意事项

（1）作业时，起重臂下严禁站人。下车驾驶室不得坐人，重物不得超越驾驶室上方，也不得在车前方起吊（有第五支腿的汽车起重机除外）。

（2）一般整机倾斜度不得大于 1∶50，底盘的手动制动器必须锁死。

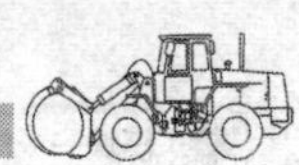

（3）风力大于6级时应停止工作。

（4）起重作业时，不要扳动支腿操纵阀手柄。如需要调整支腿，必须将重物放至地面，吊臂位于正前方或正后方，然后再进行调整。

（5）重物在空中需要较长时间停留时，应将卷筒制动，司机不允许离开操纵室。

（6）操作应平稳、和缓，严禁猛拉、猛推、猛操作。

（7）不要用起重机吊拔埋在地下或冻住的物体。

（8）起升卷扬卷筒上的钢丝绳的圈数在任何情况下都不得少于3圈。

（9）起重机在雨雪天气工作，应先经过试吊，证明制动器灵敏可靠后，方可进行作业。

（10）起重机在满载或接近满载作业时，不得同时进行两种操作动作。

（11）当起吊重、大、高物体时，应由机长或技术熟练人员去操作。在重物吊起地面0.2~0.5 m时，应停车检查起重机的稳定性、制动器的可靠性、重物的平稳性、绑扎的牢固性，确认无误后方可再起吊。

（12）当出现倾翻迹象时，应快速下落使重物着地。严禁中途制动。

（13）一般情况下不允许用两台或两台以上的起重机同时起吊一个重物。特殊情况下，钢丝绳应保持垂直，各台起重机的升降运行应保持同步，各台起重机所承受的载荷均不得超过各自的额定起重量的80%，并严禁回转，否则容易造成参与作业的起重机倾翻或折臂，造成严重后果。

（14）起重作业时应集中精力，不要东张西望，不得与其他人员闲谈。只对指定的指挥员的信号作出反应。但对于停止信号不管是谁发出，在任何时候均应服从。

（15）起重机作业时要注意观察周围情况，避免发生事故。当重物处于悬挂状态时，司机不得离开工作岗位。

（16）注意查看液压油温度。当油温超过80℃时要停止操作。油缸、液压油箱等处液压油的体积是随油温变化而变化的。如用高温液压油进行伸臂动作时，经过一段时间后因油温下降而吊臂自然回缩，这时可通过变幅和起升来保证所需高度和幅度。

（17）不要急剧扳动起升机构的操作手柄。

（18）进行起重作业时，先将载荷吊离地面150 ~ 200 mm，保持10 min，检查制动器，确认正常后再起吊。在起吊载荷尚未离开地面前，不得用起臂和伸臂操作将其吊离地面，只能进行起钩操作。

（19）根据吊臂长度，选择合适的钢丝绳倍率，以提高作业速度，保证钢丝绳的使用寿命。

（20）因钢丝绳打卷而吊钩旋转时，要把钢丝绳完全解开后方能起吊。

（21）即使处于空载状态，也不要过分地降低吊臂，尤其是臂长较长时，以免起重机倾翻。

### 3. 重物的上升和下降操作

（1）起重机的额定起重量是根据机件的承受能力及整机的稳定性而确定的，因此任何时候不得超载作业，以免发生事故。

（2）过载起重、横向拖动、前吊以及急剧的转换等操作，都是非常危险的，应严格禁止。

（3）操作重物下降时要使重物有控制地下降，要将重物停止时，应逐渐减速，最后停止。

### 4. 吊臂的伸缩操作

（1）吊臂伸出后，出现前节臂杆的长度大于后节臂杆的长度时，必须经过调整，消除不正常情况后方可作业。

（2）吊臂作业接近满负荷时，应注意检查臂杆的挠度。

（3）伸缩式臂杆伸缩时，应按规定顺序进行。当限制器发出警报时，应立即停止伸臂。臂杆缩回时，角度不得太大。

（4）力矩限制器调校前，除全伸支腿基本臂工况外，即使空载，也不能使起重臂超出性能表中各工况给出的范围，否则有翻车的危险。

（5）调整力矩限制器后，确认力矩限制器工况（工况内容包括支腿跨距、主副臂臂长及组合、配重、前臂安装角、吊钩重量及倍率）和实际作业工况相一致后方可变幅，即伸缩和变幅的切换，否则会有重大危险。伸缩和变幅的操作与切换示意图如图 1—4—1 所示。

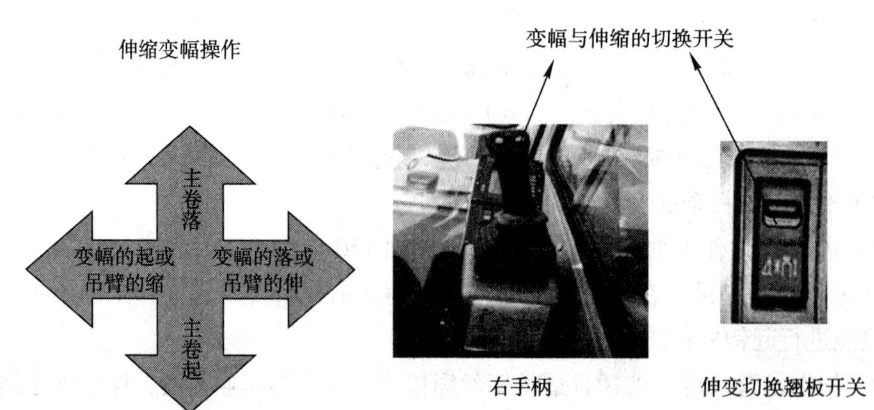


图 1—4—1 伸缩和变幅的操作与切换示意图

（6）伸臂前，要充分落下吊钩，如图 1—4—2 所示。

（7）使主臂完全缩回，根据力矩限制器的主臂长度显示值，确认主臂长度确实在规

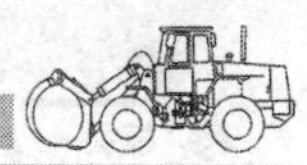

定范围内，然后开始伸臂动作，如图 1—4—3 所示。

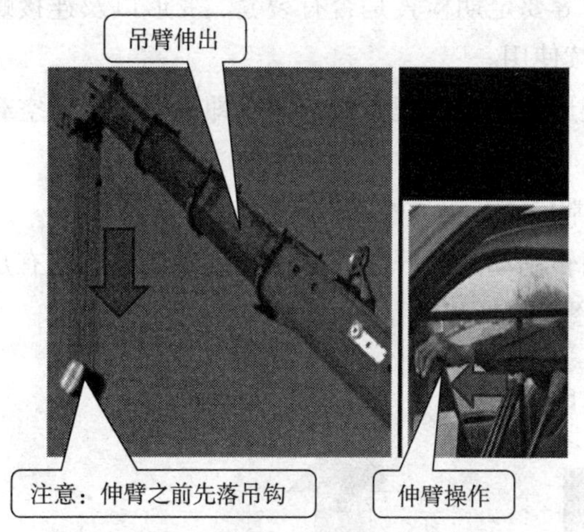


图 1—4—2　伸臂前落吊钩操作示意图

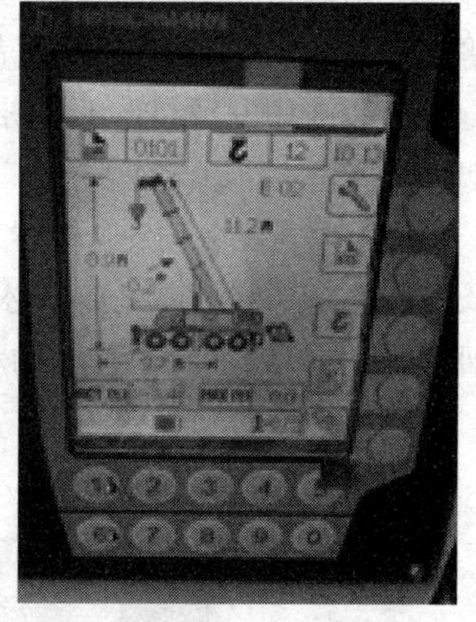

图 1—4—3　力矩限制器指示示意图

（8）不要急剧扳动吊臂变幅操作手柄，如图 1—4—4 所示。

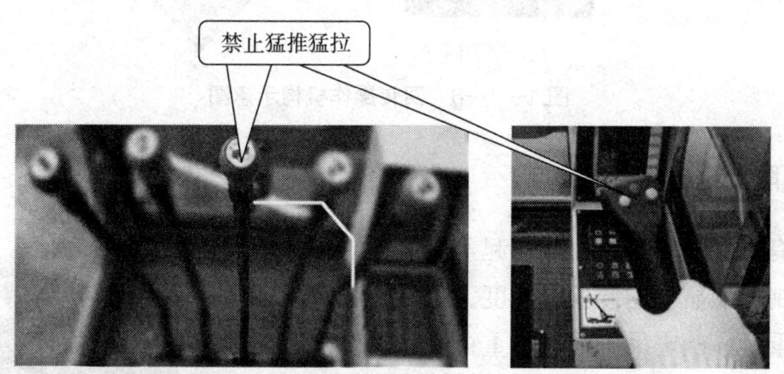


图 1—4—4　变幅操作手柄操作示意图

（9）在操作两级伸缩油缸的车辆时，必须在二节臂完全伸出后，再伸缩三、四、五节臂；缩回时三、四、五节臂完全缩回后，再缩二节臂。不按顺序操作，起重作业时会损坏伸缩油缸，并有折臂的危险，如图 1—4—5 所示。

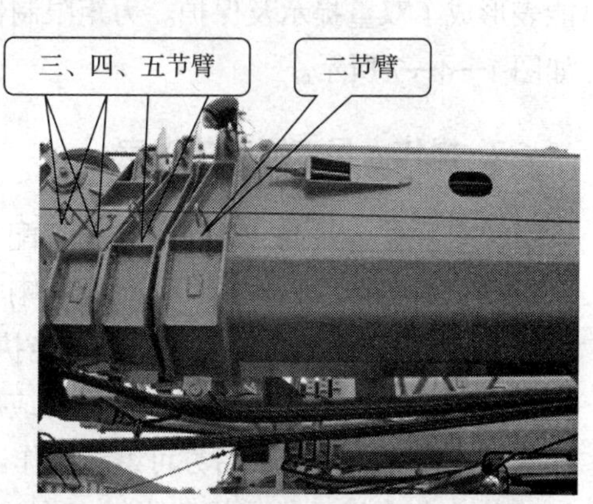


图 1—4—5　二节臂和三、四、五节臂结构图

**5. 回转操作**

（1）作业中应平稳操作，避免急剧回转、停止或换向。

（2）从后方向侧方回转时，要注意支腿情况，以免发生翻车事故。

（3）对起重机的关键部位，如起重臂等要定期检查是否有裂缝、变形以及连接螺栓的紧固情况。出现任何不良情况都不能继续使用。

（4）作业中发现起重机倾斜、支腿变形等不正常现象时，应立即放下重物，空载进行调整正常后方可继续作业。

（5）起重机的各项安全装置，必须经常检查其可靠性和准确性。

（6）在起重机回转之前，必须操纵回转制动解除开关解除回转制动，且保证有足够的回转作业空间。回转操作机构示意图如图 1—4—6 所示。

图 1—4—6 回转操作机构示意图

### 6. 力矩限制器的使用

上车装有力矩限制器，在操作起重机时，应注意观察力矩限制器上显示的臂长、幅度、角度、起升高度、实际吊重量、额定吊重量、吊重百分比，以确保起吊安全。力矩限制器与车上的幅度指示器及起重性能表形成了双重提示及保护。力矩限制器显示示意图如图 1—4—7 所示。

图 1—4—7 力矩限制器显示示意图

### 7. 操作人员应遵守的规定

（1）操作人员与起重工必须密切配合，听从指挥人员的信号指挥。操作前，必须先鸣喇叭，如发现指挥手势不清或错误时，司机有权拒绝执行。工作中，司机对任何人发出的紧急停车信号都应服从并立即停车，待消除不安全因素后方可继续工作。

（2）起重机在带电线路附近工作时，应与带电线路保持一定的安全距离。在最大回转半径范围内，起重臂与输电线路间的安全距离见表 1—4—1。雨雾天工作时安全距离还

应适当放大。起重机在输电线下面通过时，应先将起重臂放下。

表1—4—1　　起重臂与输电线路间的安全距离

| 输电线路电压（kV） | ＜1 | 1～20 | 35～110 | 154 | 220 |
| --- | --- | --- | --- | --- | --- |
| 允许与输电线路的最近距离（m） | 1.5 | 2 | 4 | 5 | 6 |

（3）起重机吊较重物件时，应先将重物吊离地面10 cm左右，检查起重机的稳定性和制动器等是否灵活有效，在确认正常安全情况下，方可继续工作。

（4）起重机在工作时，吊钩与滑轮之间应保持一定的距离，防止卷扬过限把钢丝绳拉断或起重臂后翻。

（5）起重臂仰角不得小于30°，起重机在有载荷情况下应尽量避免起落起重臂。严禁在起重臂起落稳妥前变换操纵杆。

（6）起重机在进行满负荷或接近满负荷起吊时，禁止同时进行两种或两种以上的操作动作。起重臂的左右旋转角度都不能超过45°，并严禁斜吊、拉吊和快速起落。严禁在高压线下进行作业。

（7）起重机作业时必须严格执行起重性能技术规定。不得在有载荷的情况下调整起升、变幅机构制动器。吊装易滑脱物件时，吊钩、吊索应采取防滑措施。

（8）严禁乘坐或利用起重机载人升降，工作中禁止用手触摸钢丝绳和滑轮。

（9）起重机在工作时，不准进行检修和调整机件。起重机作业时发生故障，应支撑吊物，修理时必须把重物放下，停止运转后再修理。

（10）在停工或休息时，不得将吊物悬挂在空中。

（11）汽车起重机司机遇有下列情况之一时，有权拒绝吊运：

1）起重机所用钢丝绳不符合安全技术规定时。

2）所吊工作物件捆绑不牢固时。

3）工作物上有人时或手扶吊钩时。

4）吊物超过额定重量或物体重量不明时。

5）吊物埋在地下时。

6）指挥信号不明确或多人指挥时。

7）吊物中有易爆物品（如氧气瓶、乙炔发生器等）时。

8）吊物需歪拉斜拽时。

9）起重机发生故障没排除及安全装置失灵时。

10）在作业环境不良的场地作业且无人监护、维护现场安全时，如空间窄小、过往行人多、照明不良等。

### 8. 作业完毕作业人员应做的工作

（1）将起重臂和吊钩收放到规定的位置，所有控制手柄均放到零位，使用电气控制的起重机械应断开电源开关。

（2）吊索、吊具应收回放置到规定的地方，并对其进行检查、维护和保养。

（3）对接替工作人员，应告知设备存在的异常情况及尚未消除的故障。

## 二、汽车起重机起重吊运指挥信号

汽车起重机起重吊运指挥信号采用国家技术标准《起重吊运指挥信号》（GB 5082—1985）。

说明：前、后、左、右在指挥语言中，均以司机所在位置为基准。

### 1. 手势信号

（1）预备（注意）

手臂伸直，置于头上方，五指自然伸开，手心朝前保持不动（图 1—4—8）。

（2）要主钩

单手自然握拳，置于头上，轻触头顶（图 1—4—9）。

（3）要副钩

一只手握拳，小臂向上不动，另一只手伸出，手心轻触前只手的肘关节（图 1—4—10）。

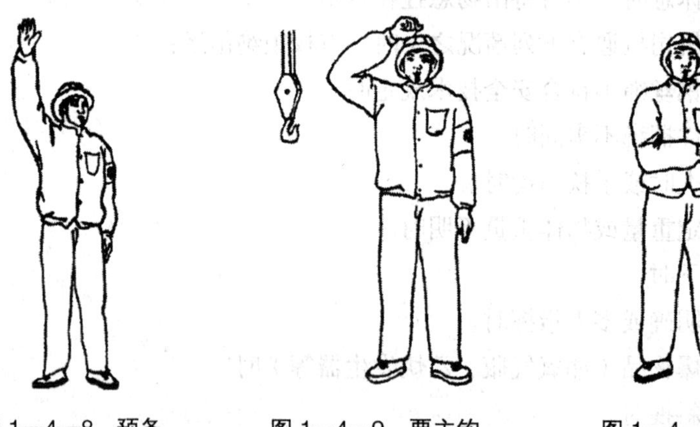

图 1—4—8 预备　　图 1—4—9 要主钩　　图 1—4—10 要副钩

（4）吊钩上升

小臂向侧上方伸直，五指自然伸开，高于肩部，以腕部为轴转动（图 1—4—11）。

（5）吊钩下降

手臂伸向侧前下方，与身体夹角约为30°，五指自然伸开，以腕部为轴转动（图1—4—12）。

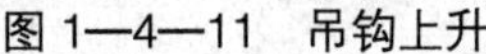

图 1—4—11 吊钩上升

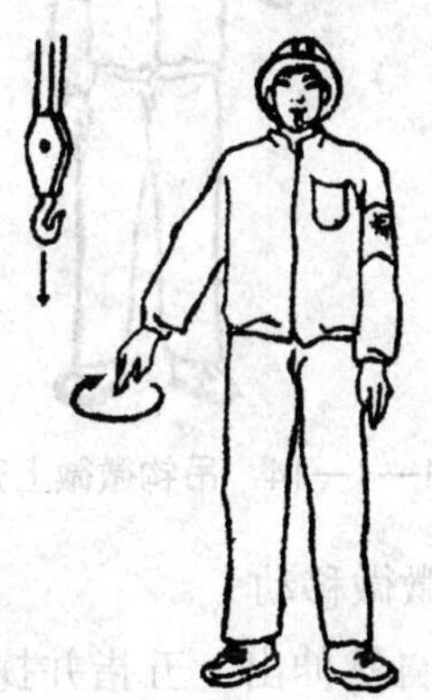

图 1—4—12 吊钩下降

（6）吊钩水平移动

小臂向侧上方伸直，五指并拢手心朝外，朝负载应运行的方向，向下挥动到与肩相平的位置（图 1—4—13）。

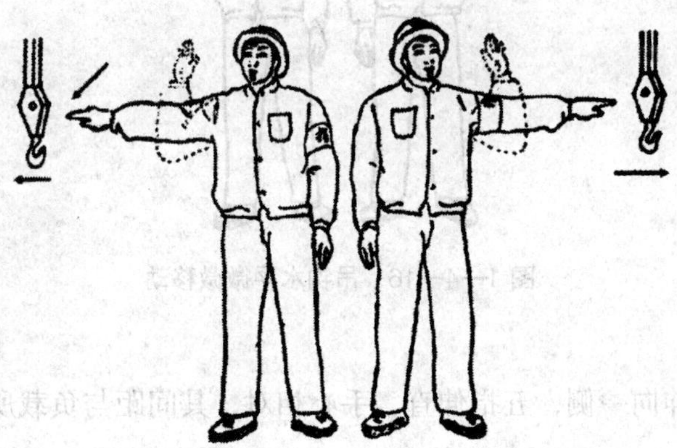

图 1—4—13 吊钩水平移动

（7）吊钩微微上升

小臂伸向侧前上方，手心朝上高于肩部，以腕部为轴，重复向上摆动手掌（图 1—4—14）。

（8）吊钩微微下落

手臂伸向侧前下方，与身体夹角约为30°，手心朝下，以腕部为轴，重复向下摆动手掌（图 1—4—15）。

图 1—4—14　吊钩微微上升

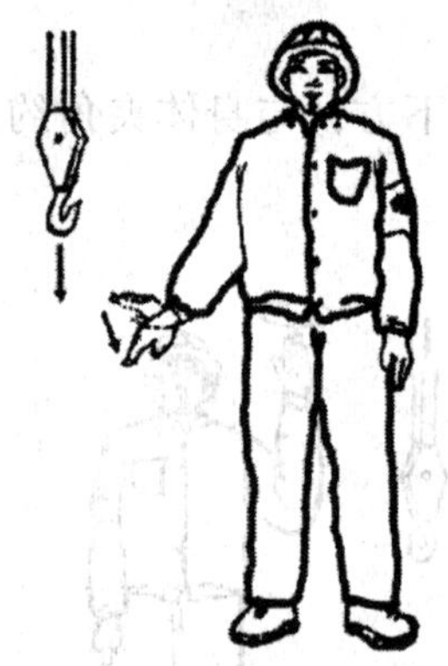

图 1—4—15　吊钩微微下落

（9）吊钩水平微微移动

小臂向侧上方自然伸出，五指并拢手心朝外，朝负载应运行的方向，重复做缓慢的水平运动（图 1—4—16）。

图 1—4—16　吊钩水平微微移动

（10）微动范围

双小臂曲起，伸向一侧，五指伸直，手心相对，其间距与负载所要移动的距离接近（图 1—4—17）。

（11）指示降落方位

五指伸直，指出负载应降落的位置（图 1—4—18）。

（12）停止

小臂水平置于胸前，五指伸开，手心朝下，水平挥向一侧（图 1—4—19）。

（13）紧急停止

两小臂水平置于胸前，五指伸开，手心朝下，同时水平挥向两侧（图 1—4—20）。

图 1—4—17　微动范围

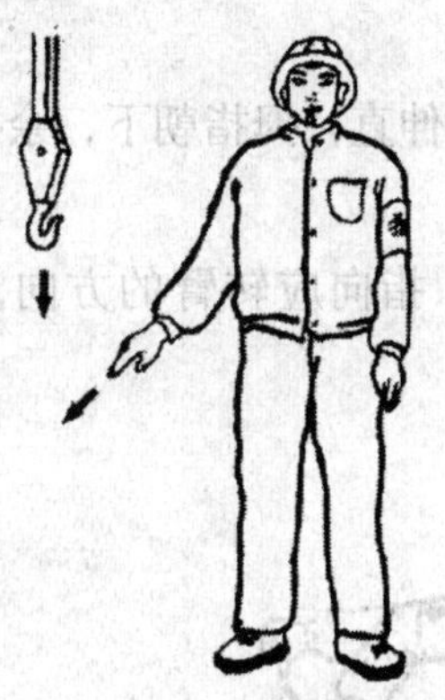

图 1—4—18　指示降落方位

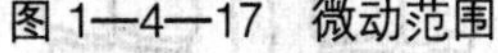

图 1—4—19　停止

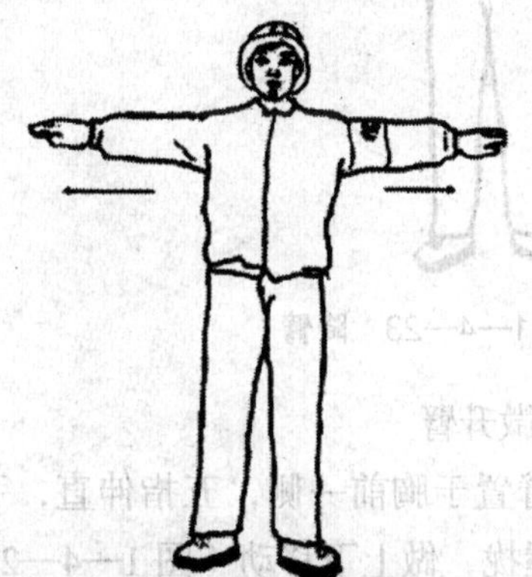

图 1—4—20　紧急停止

（14）工作结束

双手五指伸开，在额前交叉（图 1—4—21）。

（15）升臂

手臂向一侧水平伸直，拇指朝上，余指握拢，小臂向上摆动（图 1—4—22）。

图 1—4—21　工作结束

图 1—4—22　升臂

（16）降臂

手臂向一侧水平伸直，拇指朝下，余指握拢，小臂向下摆动（图 1—4—23）。

（17）转臂

手臂水平伸直，指向应转臂的方向，拇指伸出，余指握拢，以腕部为轴转动（图 1—4—24）。

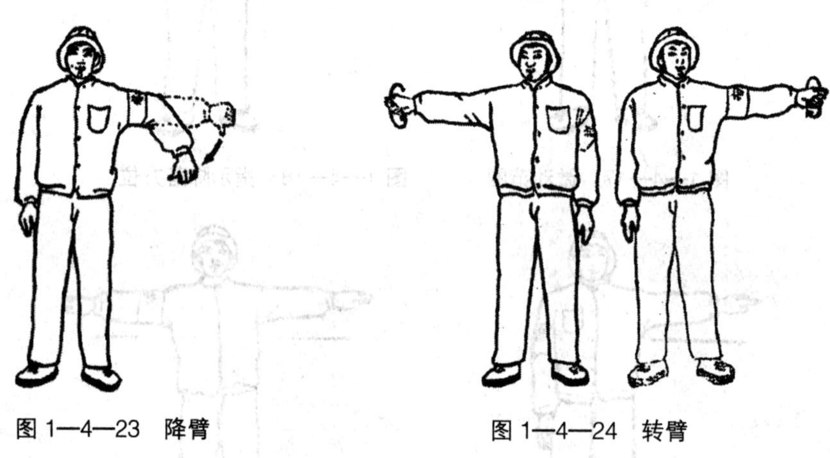

图 1—4—23　降臂　　　图 1—4—24　转臂

（18）微微升臂

一只小臂置于胸前一侧，五指伸直，手心朝下，保持不动。另一手的拇指对着前手手心，余指握拢，做上下移动（图 1—4—25）。

（19）微微降臂

一只小臂置于胸前一侧，五指伸直，手心朝上，保持不动。另一只手的拇指对着前手手心，余指握拢，做上下移动（图 1—4—26）。

图 1—4—25　微微升臂　　　图 1—4—26　微微降臂

（20）微微转臂

一只小臂向前平伸，手心自然朝向内侧。另一只手的拇指指向前只手的手心，余指

握拢做转动（图 1—4—27）。

（21）伸臂

两手分别握拳，拳心朝上，拇指分别指向两侧，做相斥运动（图 1—4—28）。

（22）缩臂

两手分别握拳，拳心朝下，拇指对指，做相向运动（图 1—4—29）。

图 1—4—27 微微转臂

图 1—4—28 伸臂

图 1—4—29 缩臂

**2. 旗语信号**

（1）预备

单手持红、绿旗上举（图 1—4—30）。

（2）要主钩

单手持红、绿旗，旗头轻触头顶（图 1—4—31）。

（3）要副钩

一只手握拳，小臂向上不动，另一只手拢红、绿旗，旗头轻触前只手的肘关节（图 1—4—32）。

图 1—4—30 预备

图 1—4—31 要主钩

图 1—4—32 要副钩

（4）吊钩上升

绿旗上举，红旗自然放下（图 1—4—33）。

（5）吊钩下降

绿旗拢起下指，红旗自然放下（图 1—4—34）。

图 1—4—33 吊钩上升

图 1—4—34 吊钩下降

（6）吊钩微微上升

绿旗上举，红旗拢起横在绿旗上，互相垂直（图 1—4—35）。

（7）吊钩微微下降

绿旗拢起下指，红旗横在绿旗下，互相垂直（图 1—4—36）。

图 1—4—35 吊钩微微上升

图 1—4—36 吊钩微微下降

（8）升臂

红旗上举，绿旗自然放下（图 1—4—37）。

（9）降臂

红旗拢起下指，绿旗自然放下（图 1—4—38）。

图 1—4—37 升臂

图 1—4—38 降臂

（10）转臂

红旗拢起，水平指向应转臂的方向（图 1—4—39）。

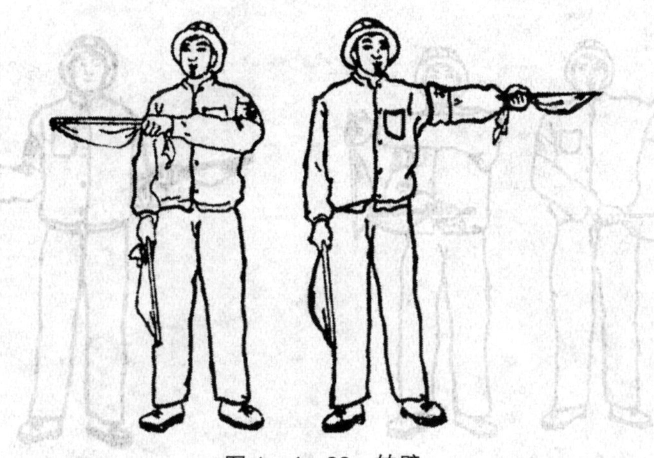

图 1—4—39 转臂

（11）微微升臂

红旗上举，绿旗拢起横在红旗上，互相垂直（图 1—4—40）。

（12）微微降臂

红旗拢起下指，绿旗横在红旗下，互相垂直（图 1—4—41）。

图 1—4—40　微微升臂

图 1—4—41　微微降臂

（13）微微转臂

红旗拢起，横在腹前，指向应转臂的方向；绿旗拢起，竖在红旗前，互相垂直（图 1—4—42）。

（14）伸臂

两旗分别拢起，横在两侧，旗头外指（图 1—4—43）。

图 1—4—42　微微转臂

图 1—4—43　伸臂

（15）缩臂

两旗分别拢起，横在胸前，旗头对指（图 1—4—44）。

（16）微动范围

两手分别拢旗，伸向一侧，其间距与负载所要移动的距离接近（图 1—4—45）。

图 1—4—44　缩臂

图 1—4—45　微动范围

（17）指示降落方位

单手拢绿旗，指向负载应降落的位置，旗头进行转动（图 1—4—46）。

（18）停止

单旗左右摆动，另外一面旗自然放下（图 1—4—47）。

图 1—4—46　指示降落方位

图 1—4—47　停止

（19）紧急停止

双手分别持旗，同时左右摆动（图 1—4—48）。

（20）工作结束

两旗拢起，在额前交叉（图 1—4—49）。

图 1—4—48　紧急停止

图 1—4—49　工作结束

## 三、起重机司机的职责及其要求

（1）司机必须听从指挥人员的指挥，当指挥信号不明时，司机应发出“重复”信号询问，明确指挥意图后方可开车。

（2）司机必须熟练掌握标准规定的通用手势信号和有关的各种指挥信号，并与指挥人员密切配合。

（3）当指挥人员所发信号违反标准规定时，司机有权拒绝执行。

（4）司机在开车前必须鸣铃示警，必要时，在吊运中也要鸣铃，通知受负载威胁的地面人员撤离。

（5）在吊运过程中，司机对任何人发出的“紧急停止”信号都应服从。

## 复习思考题

1. 汽车起重机作业前的准备工作有哪些？
2. 简述回转操作的安全注意事项。
3. 简述预备手势信号的操作方法。
4. 简述图 1—4—50 所示手势信号的含义。

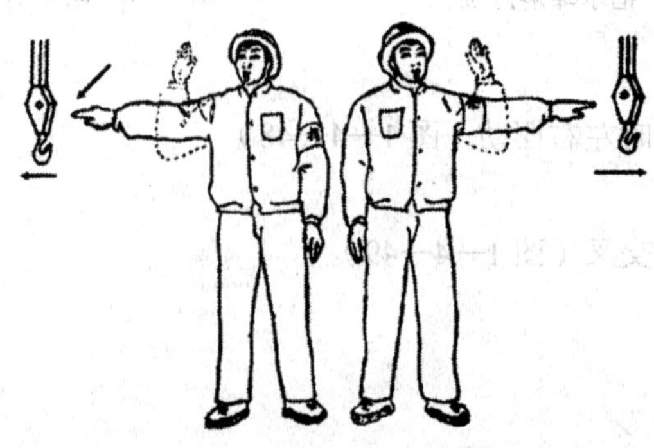

图 1—4—50　题 4 图

5. 简述升臂手势信号的操作方法。

6. 简述图 1—4—51 所示旗语信号的含义。

图 1—4—51　题 6 图

7. 简述工作结束旗语信号的操作方法。

8. 简述起重机司机的职责和要求。

# 模块二 汽车起重机底盘操作

本模块以中小吨位汽车起重机专用底盘和大吨位全地面起重机底盘为载体，介绍汽车起重机底盘和全地面汽车起重机底盘支腿系统、转向及悬挂系统的操作。

# 课题 1　中小吨位汽车起重机底盘操作

## 学习目标

1. 熟悉汽车起重机底盘的操作流程。
2. 掌握发动机启动和接通取力装置的操作。
3. 掌握支腿系统伸出和缩回的操作。
4. 掌握发动机熄火和断开取力装置的操作。
5. 掌握支腿系统油门的操作。

## 一、发动机的启动

### 1. 发动机的常温启动

发动机常温启动的操作如图 2—1—1 所示。

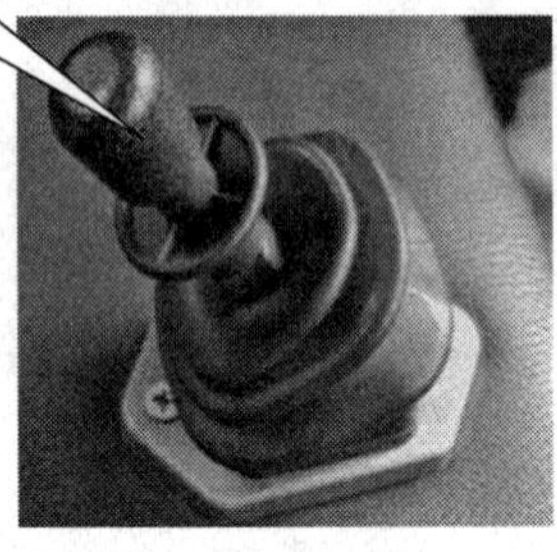


手动制动手柄处于制动状态

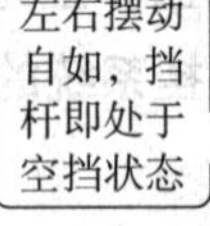


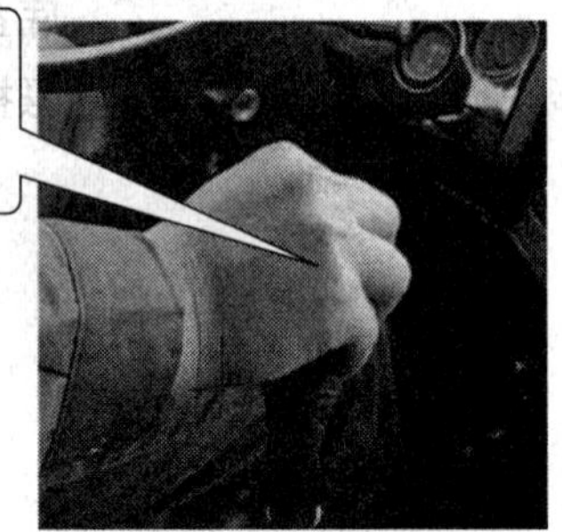

变速操纵杆在空挡位置

将启动钥匙插入启动锁

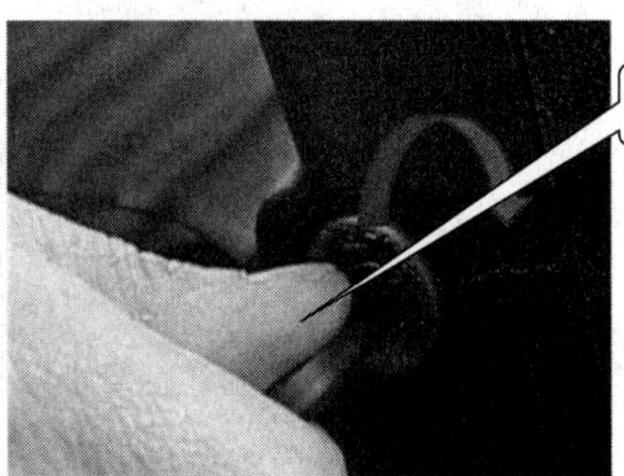


顺时针转动到三挡

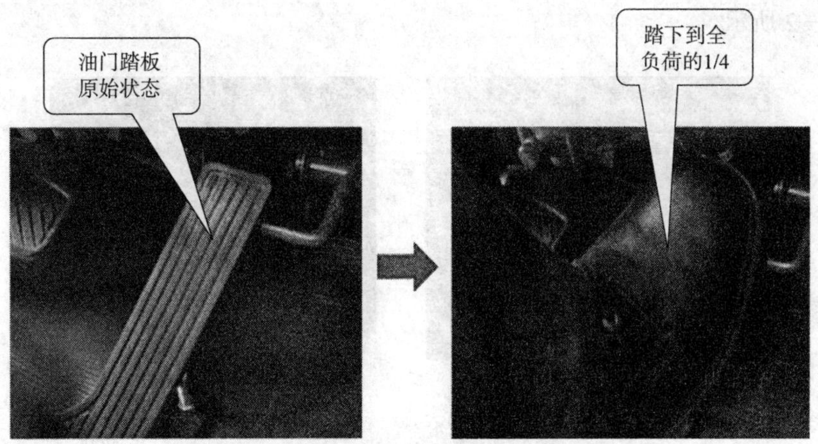


踏下油门踏板至适当位置

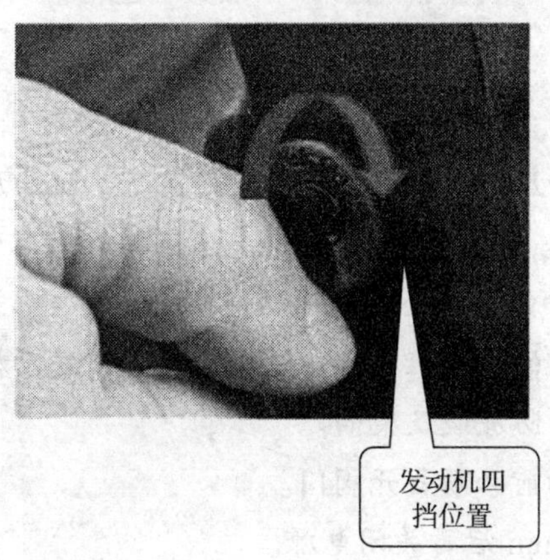


继续转动钥匙至四挡，发动机即可启动

图2—1—1　发动机常温启动的操作

**特别提醒**

如果在12 s内未能启动，应将钥匙回位至接通电源位置，间隔2 min后进行二次启动；如果连续三次不能启动，必须停止启动，查找原因。

### 2. 发动机的低温启动

（1）手动制动手柄处于制动状态，变速操纵杆放在空挡位置，将启动钥匙插入启动锁顺时针转动至三挡，接通电源。

（2）打开暖风放水开关（位于发动机暖风出水口处），接通低温启动的加热按钮，当水温升高时，踏下油门踏板至适当位置（约为全负荷的1/4），继续转动钥匙至四挡，发动机即可启动。相对于常温启动而言，增加了打开放水开关和接通加热按钮两个步骤，如图 2—1—2 所示。

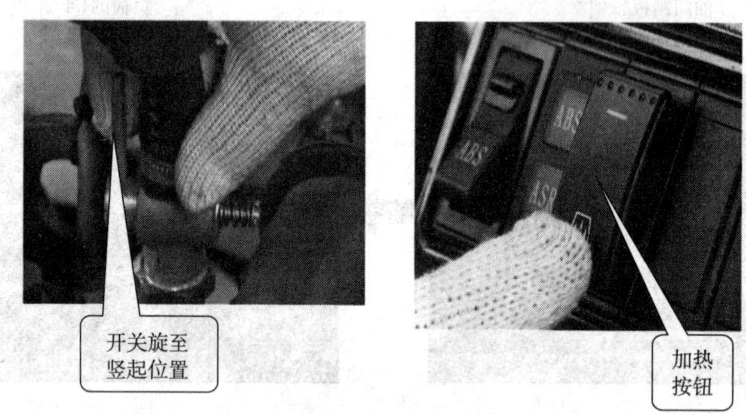


图 2—1—2　发动机低温启动的操作

### 特别提醒

（1）启动后应观察机油压力是否正常，怠速情况下，机油压力应不低于 0.35 MPa。

（2）启动后要进行预热，发动机启动后，怠速运转时间不宜超过 5 min，然后增加转速，待水温超过 60℃后，才能进行全负载运转。

（3）低温启动后，转速的增加应尽可能缓慢，以保证发动机得到充分的润滑。

（4）应选择适当温度的防冻液及柴油。

（5）冷启动加热器启动前必须打开阀门。

（6）加热器停机 3～5 min 后再关闭电源。

## 二、接通取力装置

接通取力装置的操作如图 2—1—3 所示。首先将离合器踏板踩到底，再将变速箱挡位挂入四挡，然后拉出取力开关，最后慢慢松开离合器踏板。

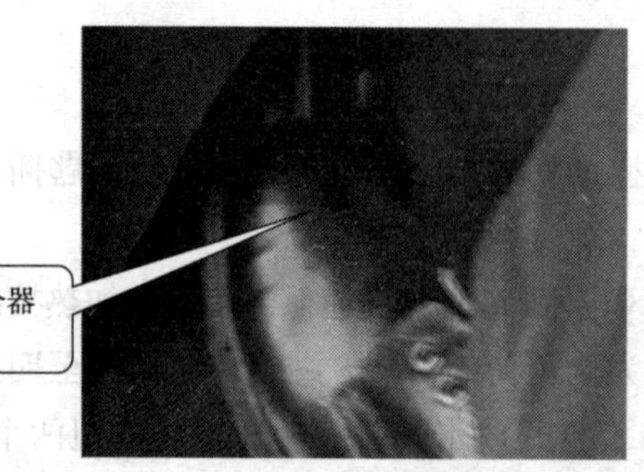

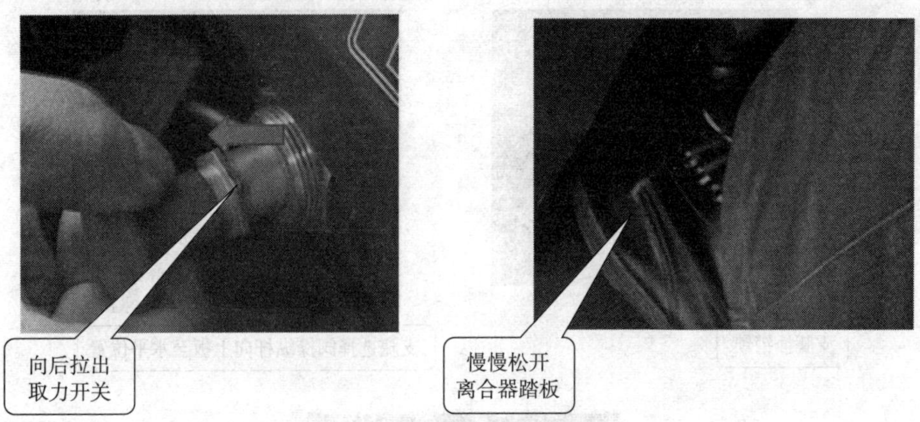


图 2—1—3　接通取力装置的操作

在冬季作业时，应先使液压泵运转一段时间，以预热液压油。

## 三、支腿系统的伸出操作

### 1. 水平支腿的伸出操作

操作前，必须选择坚实的地面，如地面较松软，必须在支腿下方摆放合适的垫木，否则可能会因支腿下陷而造成起重机倾翻。同时要检查上、下车各操纵杆是否都处于中位，如图 2—1—4 所示。

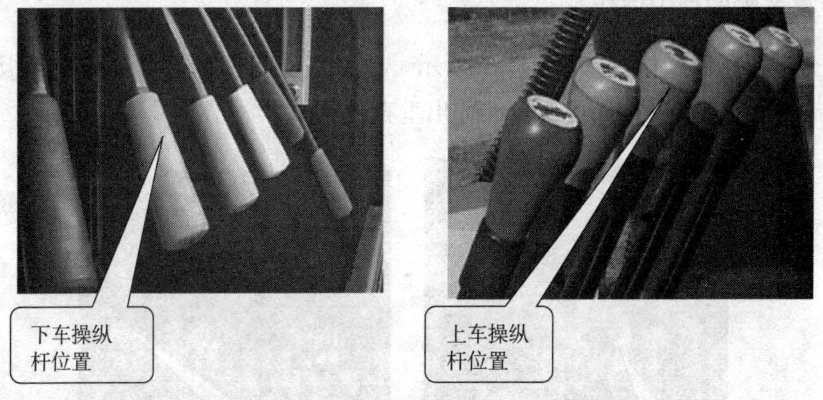


图 2—1—4　上、下车操纵杆中间位置

水平支腿伸出的操作如图 2—1—5 所示。首先向上拔起支腿插销锁，然后将各支腿选择阀操纵杆向上扳至水平位置，最后向下扳动支腿换向阀操纵杆。

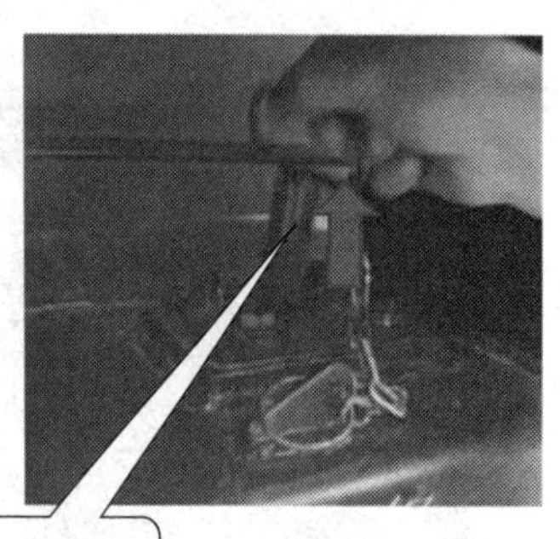


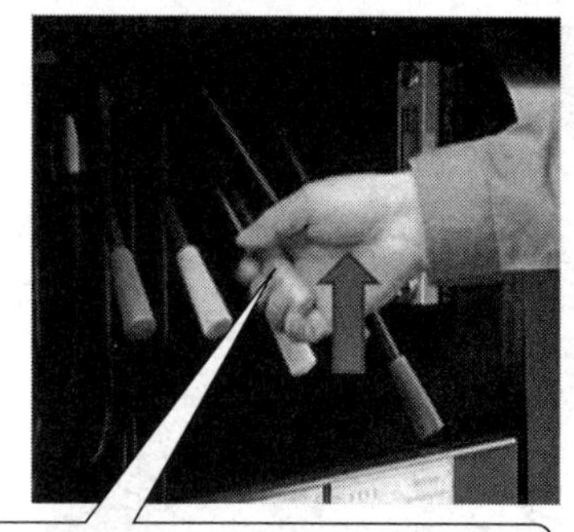


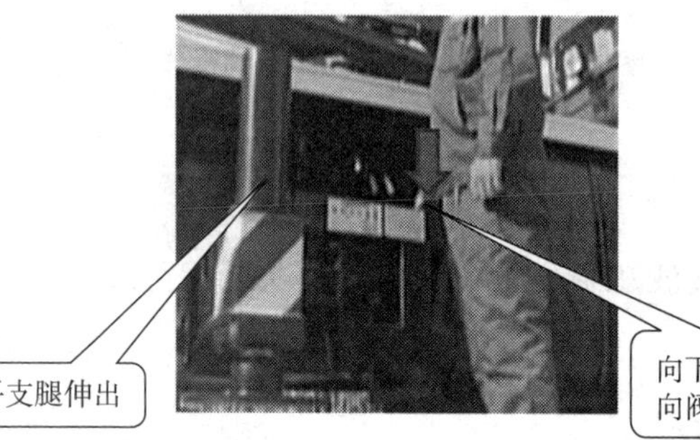


图 2—1—5　水平支腿伸出的操作

**特别提醒**

支腿伸出分全伸和半伸两种工作状态，上车作业时，对照相应的起重性能表，起重机只能在全伸或半伸水平支腿下作业。

### 2. 垂直支腿的伸出操作

垂直支腿伸出的操作如图 2—1—6 所示。首先将支腿选择阀操纵杆向下扳至垂直位置，然后向下扳动支腿换向阀操纵杆，伸出垂直支腿。

图 2—1—6　垂直支腿伸出的操作

**特别提醒**

垂直支腿伸出后，观察水平仪，使底盘调平，调平后，各轮胎应离开地面，处于悬空状态，每个支腿盘与地面保持接触，并没有地塌路陷的危险，如图 2—1—7 所示。

**3. 前方支腿（第五支腿）的伸出操作**

使用前方支腿时，必须先伸出垂直支腿后使底盘调平，确认各支腿选择阀操纵杆处于中位，才能支出前方支腿，其步骤同垂直支腿伸出，这时上车可进行 360° 作业，操作完成后，确认各操纵杆扳回中位，如图 2—1—8 所示，这时可以进行上车部分的操作。

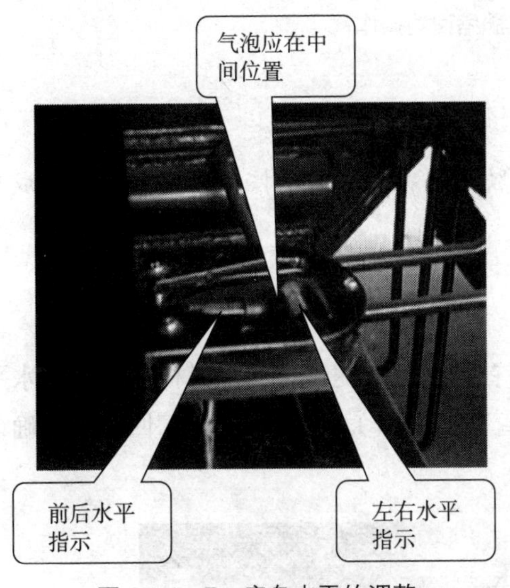


图 2—1—7　底盘水平的调整

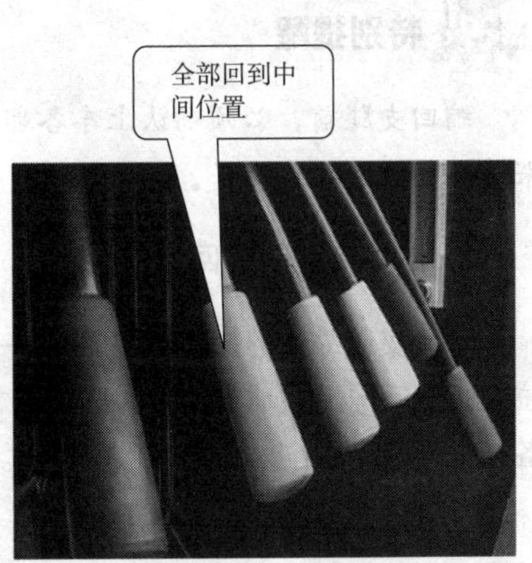


图 2—1—8　各操纵杆扳回中位

## 四、支腿系统的缩回操作

**1. 垂直支腿的缩回操作**

垂直支腿缩回的操作如图 2—1—9 所示。缩回垂直支腿时，必须先缩回前方支腿，才能缩回其他支腿；然后将各支腿选择阀操纵杆向下扳至垂直位置；最后向上扳动支腿换向阀操纵杆，缩回垂直支腿。

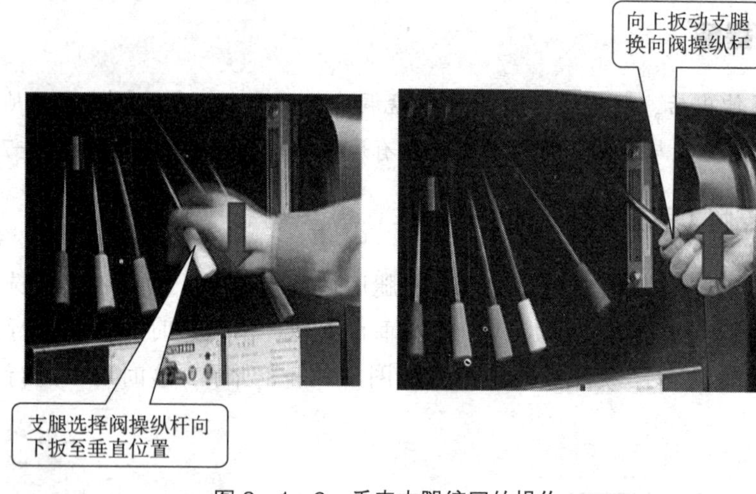


图 2—1—9　垂直支腿缩回的操作

**特别提醒**

缩回支腿前，必须确认上车各部分处于行驶状态。此外，不按顺序操作将会造成车架前段变形。

### 2. 水平支腿的缩回操作

水平支腿缩回的操作如图 2—1—10 所示。首先将各支腿选择阀操纵杆向上扳至水平位置；然后向上扳动支腿换向阀操纵杆（同垂直支腿缩回），使水平支腿缩回；最后确认各操纵杆处于中位，插上支腿插销锁。

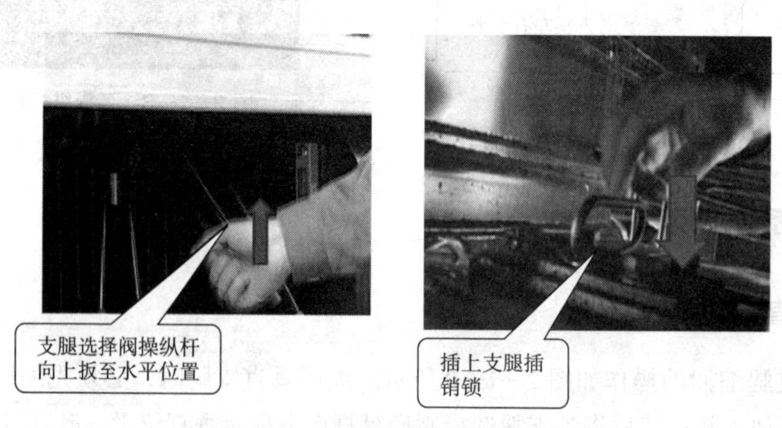


图 2—1—10　水平支腿缩回的操作

## 五、发动机的熄火和断开取力装置操作

发动机的熄火和断开取力装置的操作如图 2—1—11 所示。首先将离合器踏板踩到

底，变速箱切换至空挡位置，推进取力开关，松开离合器踏板；然后按住发动机的熄火开关，直至发动机熄火；最后将发动机钥匙转回至电源断开位置。

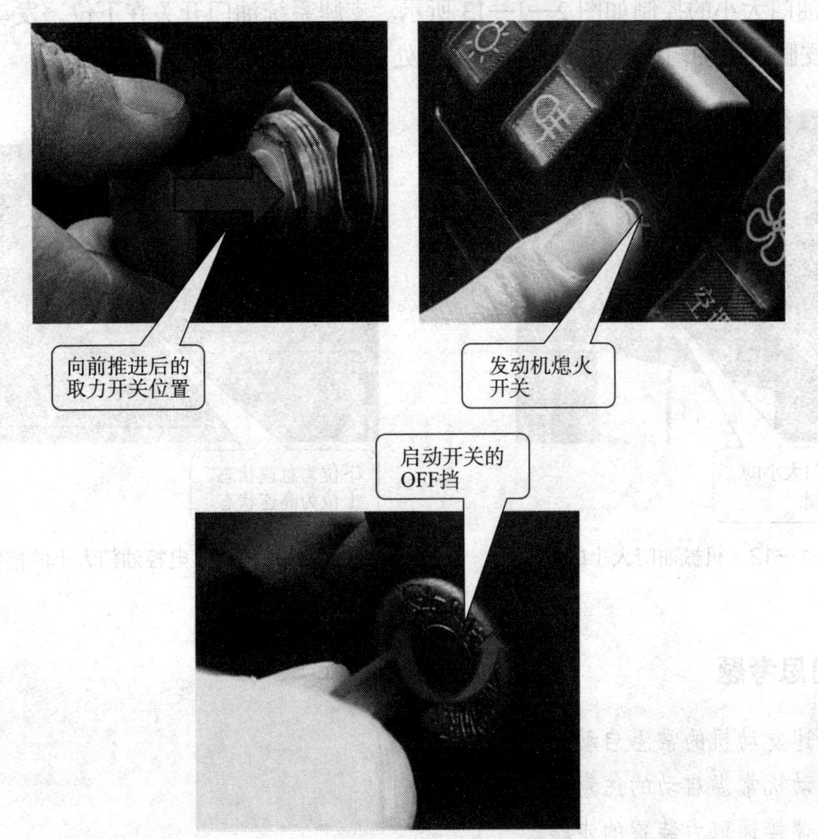


图 2—1—11 发动机的熄火和断开取力装置的操作

**特别提醒**

对于电控发动机而言，熄火时也可直接采用钥匙熄火。

## 六、支腿系统油门的操作

### 1. 机械油门的操作

机械油门的大小是随着操纵手柄操作位置的变化而变化的，如图 2—1—12 所示。

### 2. 电控油门的操作

电控油门大小的控制如图 2—1—13 所示。支腿系统油门开关在下位，发动机处于怠速状态；支腿系统油门开关在上位，发动机处于高速状态。

图 2—1—12　机械油门大小的控制

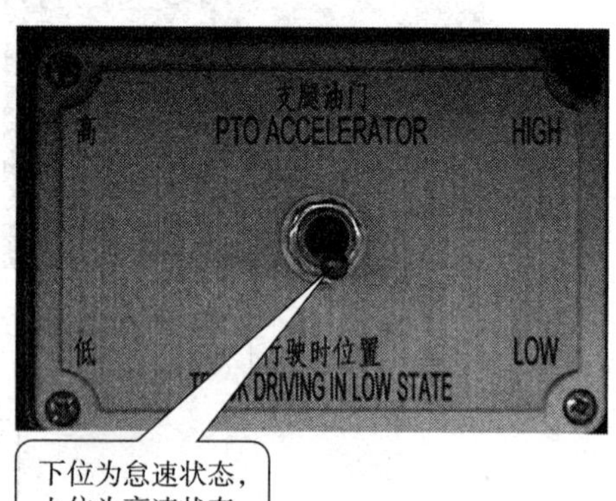


图 2—1—13　电控油门大小的控制

## 复习思考题

1. 简述发动机的常温启动步骤。
2. 发动机常温启动的注意事项有哪些？
3. 简述接通取力装置的步骤。
4. 简述水平支腿伸出和缩回的步骤。
5. 操作水平支腿前的注意事项有哪些？
6. 简述垂直支腿伸出和缩回的步骤。
7. 操作垂直支腿前的注意事项有哪些？
8. 操作前方支腿的注意事项有哪些？
9. 简述发动机熄火和断开取力装置的步骤。
10. 简述电控油门的操作方法。

# 课题 2　全地面汽车起重机底盘操作

## 子课题 1　支腿系统的操作

**学习目标**

1. 熟悉支腿系统的操作流程。
2. 掌握发动机启动和接通取力装置的操作。
3. 掌握支腿系统伸出和缩回的操作。
4. 掌握断开取力装置和发动机熄火的操作。

全地面起重机种类繁多，型号各异，但大致的结构和工作原理是一致的，下面以某公司生产的 260 t 全地面起重机底盘为例介绍其支腿系统操作。

支腿系统的操作视频

### 一、发动机的启动

全地面起重机底盘发动机启动的操作如图 2—2—1 所示。首先调整手动制动手柄处于制动状态，然后使变速操纵旋钮处在空挡位置，最后将启动钥匙插入启动锁，顺时针转动至三挡，接通电源。

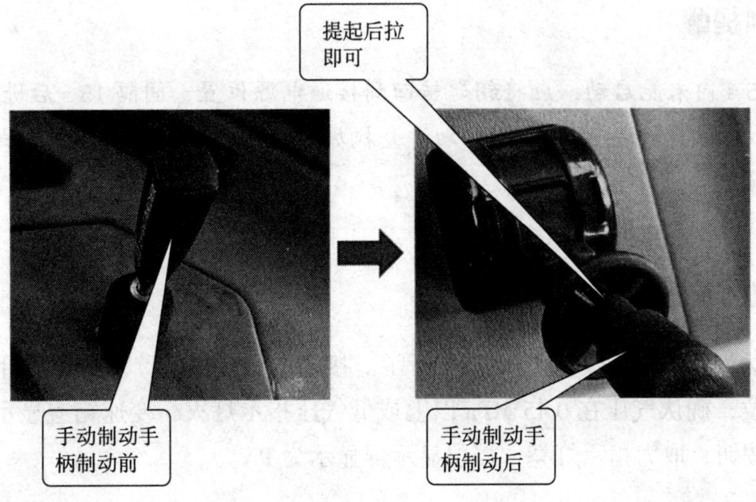

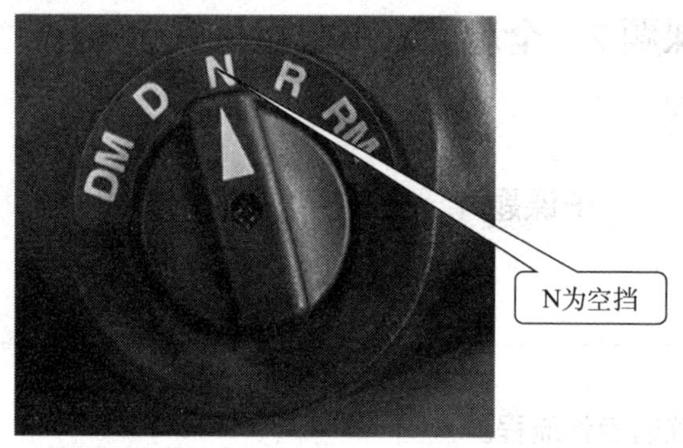


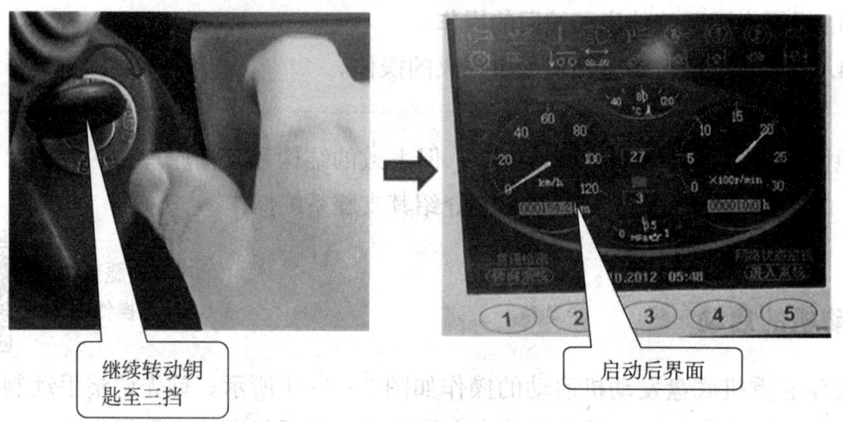


图 2—2—1 发动机启动的操作

### 特别提醒

如果在 5 s 内未能启动，应将钥匙转回到接通电源位置，间隔 15 s 后进行二次启动，如果连续三次不能启动，必须停止启动，查找原因。启动后观察机油压力是否正常，启动后要进行预热。

## 二、接通取力装置

接通取力装置的操作如图 2—2—2 所示。接通取力装置前，应先确认下车各操纵开关均处于中位，确认气压在 0.45 MPa 以上或低气压指示灯灭，变速箱应显示为 N 挡；然后按下取力按钮，取力指示灯亮，挡位显示屏显示为 PN。

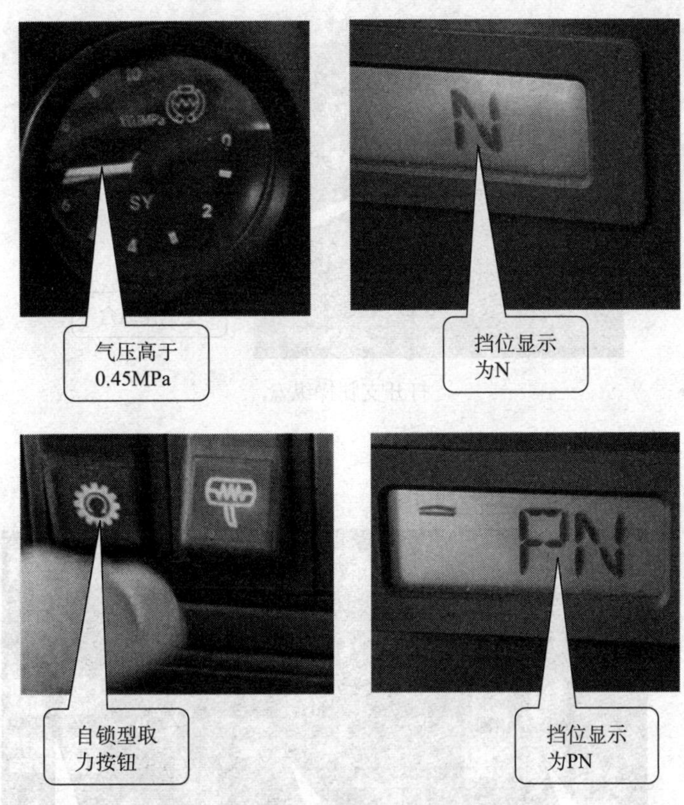


图 2—2—2　接通取力装置的操作

**特别提醒**

冬季作业时，应先使液压泵运行一段时间，以预热液压油。

## 三、支腿的伸出操作

支腿伸出的操作如图 2—2—3 所示。

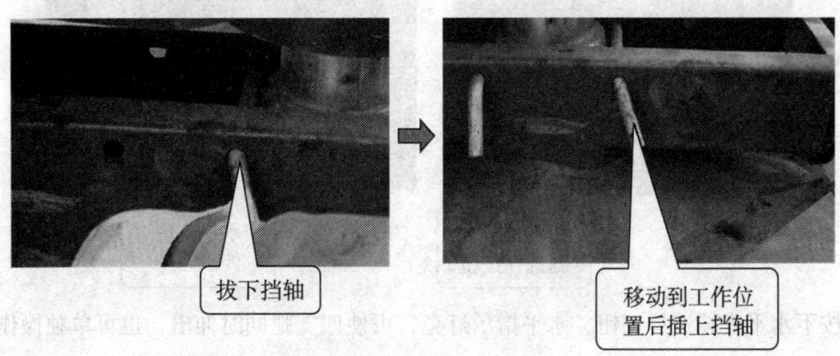


将支腿盘放置于工作状态

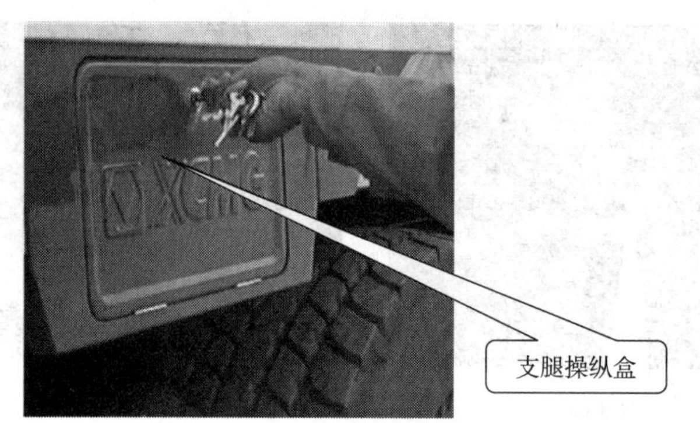


打开支腿操纵盒

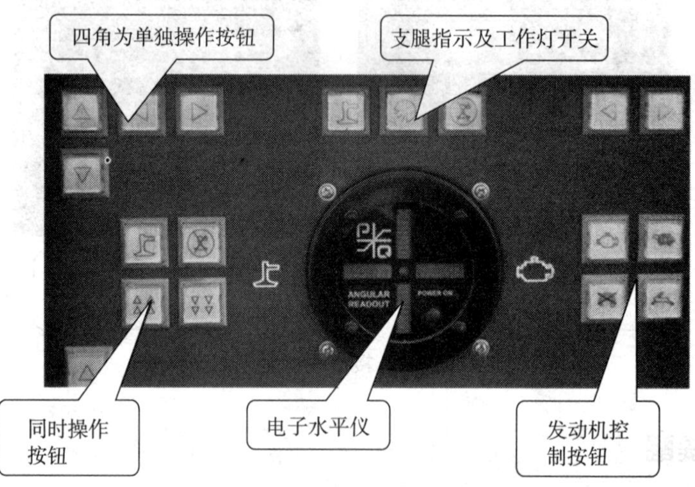


识别支腿操纵盒各按键功能：控制面板的四角是单独操作按钮，左侧是同时操作按钮，中部是电子水平仪，右侧是发动机控制按钮，中上部是支腿指示及工作灯开关

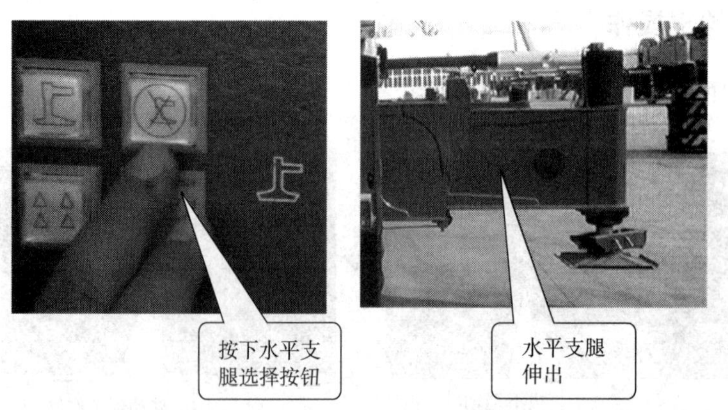


按下水平支腿选择按钮，水平指示灯亮，可使四支腿同时伸出，也可单独操作

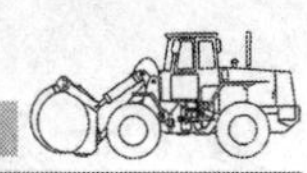

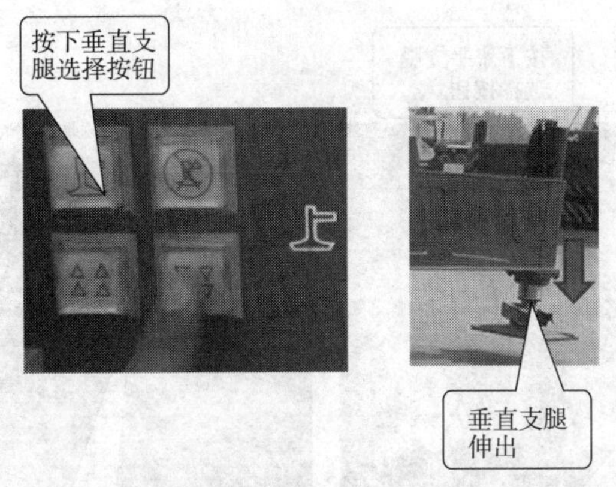


按下垂直支腿选择按钮，此时可同时操作支腿，也可分别操作

支起车架至车架离地，调整车架，观察水平仪至水平状态

图 2—2—3　支腿伸出的操作

## 四、支腿的缩回操作

支腿缩回的操作如图 2—2—4 所示。首先缩回垂直支腿，然后缩回水平支腿，最后将支腿盘收回至行车状态。

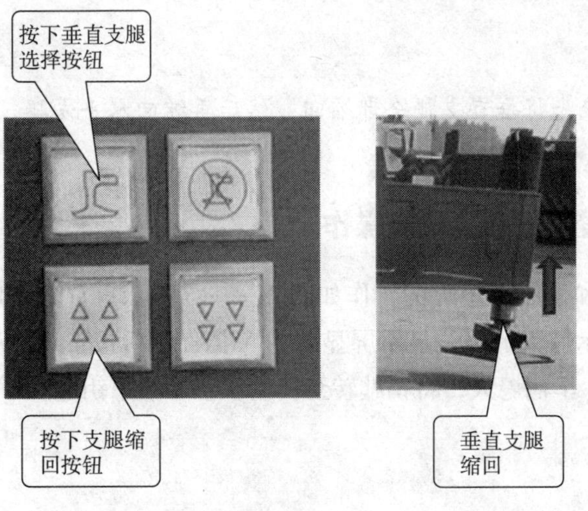

图 2—2—4　支腿缩回的操作

**特别提醒**

支腿缩回时，应先将垂直支腿全部缩回，然后再缩回水平支腿。

## 五、断开取力装置和发动机熄火操作

断开取力装置和发动机熄火的操作如图 2—2—5 所示。首先将取力开关复位，断开取力装置，取力指示灯灭，挡位显示屏显示为 N 挡；然后按下熄火开关，或者按下操纵面板上的熄火按钮，车辆熄火，将钥匙转至初始状态，拔下钥匙。

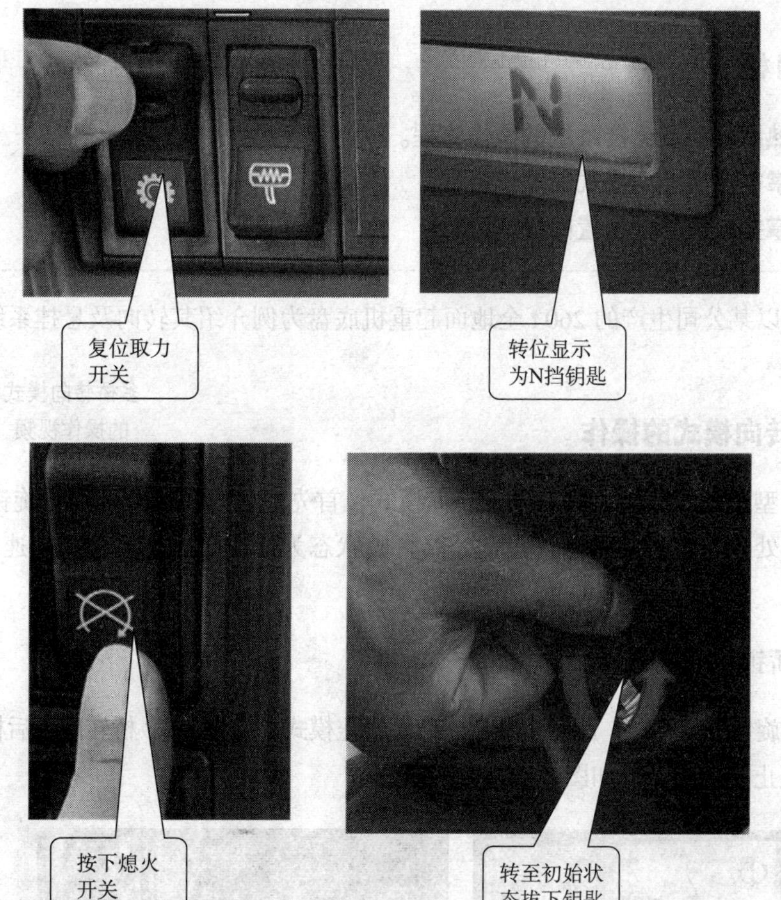


图 2—2—5　断开取力装置和发动机熄火的操作

## 复习思考题

1. 简述全地面起重机底盘发动机启动的步骤。
2. 简述全地面起重机接通取力装置的步骤。
3. 简述支腿伸出的操作步骤。
4. 简述支腿缩回的操作步骤。
5. 简述断开取力装置和发动机熄火的操作步骤。

## 子课题 2　转向及悬挂系统的操作

### 学习目标

1. 熟悉转向及悬挂系统的操作流程。
2. 掌握多桥转向模式的操作。
3. 掌握油气悬挂装置的操作。

本课题以某公司生产的 260 t 全地面起重机底盘为例介绍其转向及悬挂系统的操作。

多桥转向模式的操作视频

### 一、多桥转向模式的操作

QY260 型全地面起重机具有 5 种转向模式，首先应将车辆的转向模式旋钮置于 0 挡，此时，车辆处于正常行驶状态，正常公路行驶状态为低速时全桥转向，高速时后桥自动锁死。

#### 1. 后桥锁止模式

将转向旋钮置于 1 挡，此时车辆处于后桥锁止模式，前桥 1、2 桥转向，后桥锁止转向。后桥锁止模式的操作如图 2—2—6 所示。

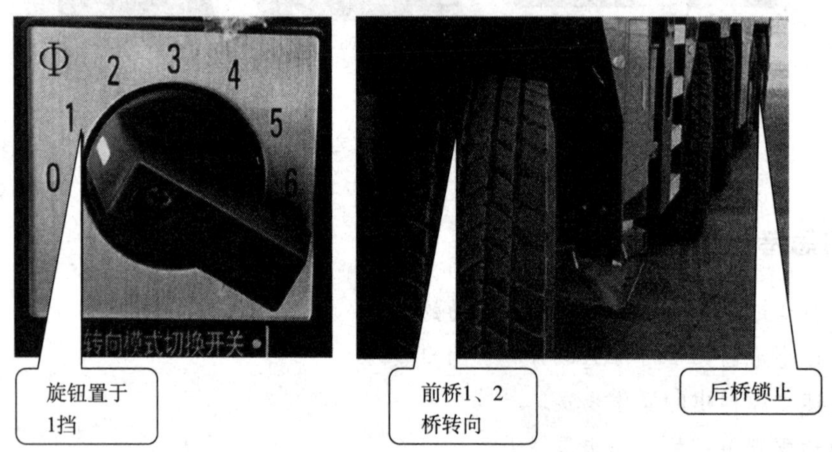


图 2—2—6　后桥锁止模式的操作

#### 2. 防甩尾模式

将转向旋钮置于 2 挡，此时车辆处于防甩尾模式，防甩尾模式为 1、2、3、4 桥转

向，5、6 桥不转向。

防甩尾模式的操作如图 2—2—7 所示。

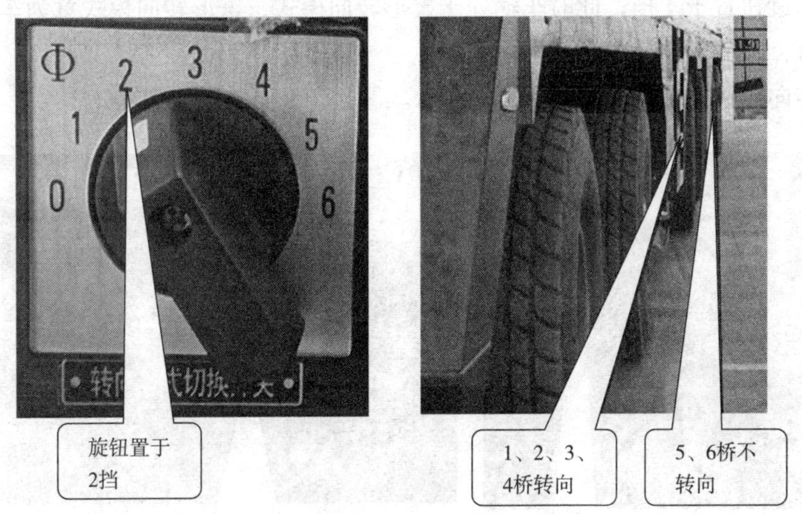


图 2—2—7　防甩尾模式的操作

### 3. 小转弯转向模式

将转向旋钮置于 3 挡，此时车辆处于小转弯转向模式，小转弯转向模式意为车辆低速行驶时全桥转向，转向半径比前桥转向半径更小。

小转弯转向模式的操作如图 2—2—8 所示。

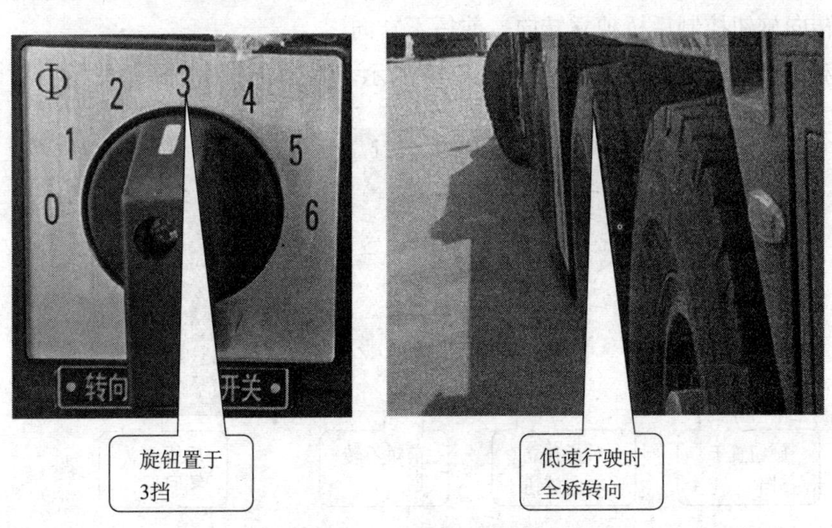


图 2—2—8　小转弯转向模式的操作

### 4. 蟹形转向模式

将转向旋钮置于 4 挡，此时车辆处于蟹形转向模式，蟹形转向模式意为车辆行驶时，1、2、3、4、5、6 桥同一方向转向。

蟹形转向模式的操作如图 2—2—9 所示。

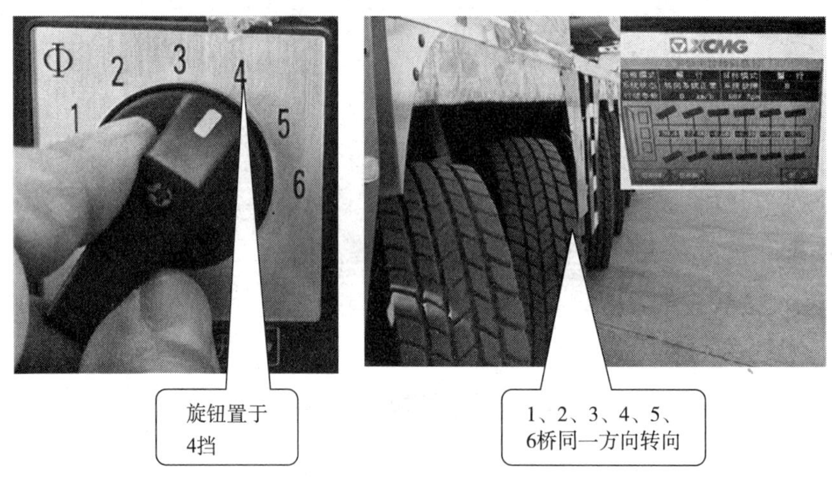


图 2—2—9 蟹形转向模式的操作

### 5. 后桥独立转向模式

将转向旋钮置于 5 挡，此时车辆处于后桥独立转向模式，此转向模式须挂上倒挡，通过后桥转向旋钮控制后桥独立转向，前桥不转向。

后桥独立转向模式的操作如图 2—2—10 所示。

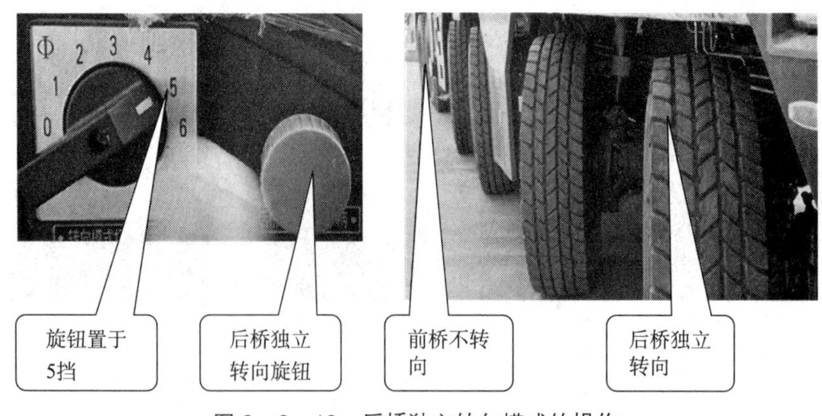


图 2—2—10 后桥独立转向模式的操作

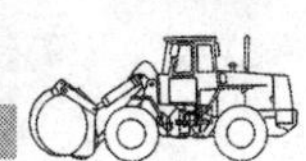

油气悬挂装置的操作视频

## 二、油气悬挂装置的操作

为提高车辆的通过性，车架可升高或降低，这可通过油气悬挂装置来实现。

油气悬挂装置的操作如图 2—2—11 所示。按下取力开关，手动控制悬挂缸的升降，按住悬挂按钮，将悬挂装置升至最高，压力表显示当前压力；按下悬挂自动找平按钮，悬挂装置落中位，至行驶状态。

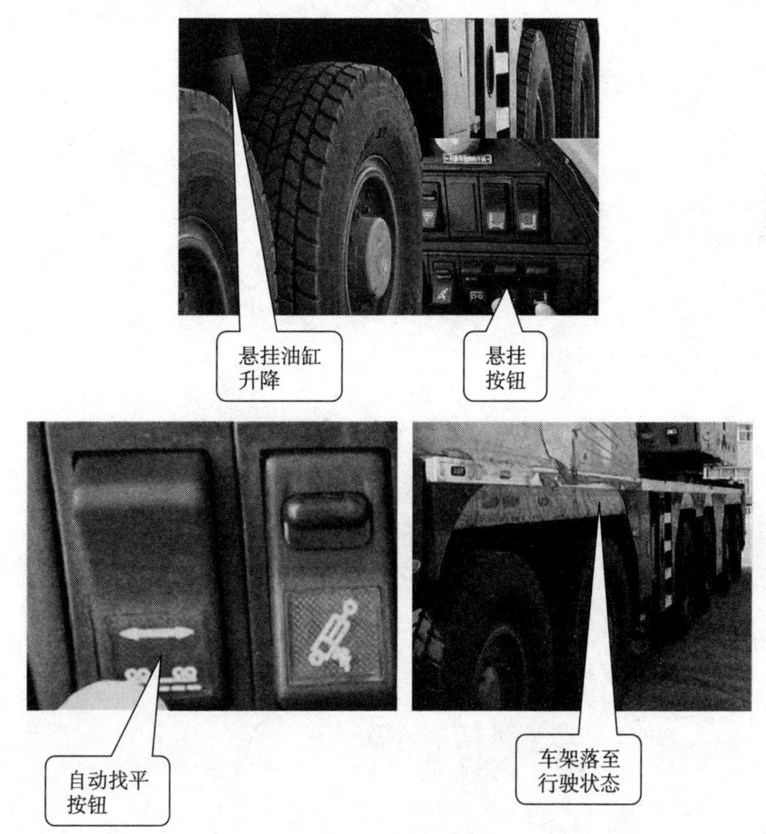


图 2—2—11　油气悬挂装置的操作

## 复习思考题

1. 简述后桥锁止模式的操作步骤。
2. 简述防甩尾模式的操作步骤。
3. 简述小转弯转向模式的操作步骤。
4. 简述蟹形转向模式的操作步骤。
5. 简述后桥独立转向模式的操作步骤。
6. 简述油气悬挂装置的操作步骤。

# 模块三 汽车起重机工作装置操作

**本模块以中小吨位汽车起重机为载体，介绍汽车起重机机械拉杆型和先导控制型工作装置的操作、钢丝绳倍率的变换及副臂的安装、配重及安全装置的操作。**

# 课题 1　机械拉杆型工作装置操作

**学习目标**

1. 熟悉机械拉杆型工作装置的操作流程。
2. 掌握发动机的启动、熄火和油门操作。
3. 掌握主、副起升机构的操作。
4. 掌握主臂变幅和伸缩的操作。
5. 掌握回转机构的操作。
6. 熟悉作业前的注意事项和完成作业后的状态。

## 一、作业前的注意事项

1. 操作人员必须受过良好的培训，并具有特种作业证。

2. 进行起重机作业前必须详细阅读产品使用说明书，并确认下车各项准备工作是否已经做到，以保证起重机的作业安全。

3. 进行起重机作业前应确认液压系统和电气系统正常。

4. 进行起重机作业前应确认制动机构和变幅、伸缩机构的锁紧装置工作正常及卷扬钢丝绳磨损情况无异常。

5. 进行起重机作业前应确认安全装置（力矩限制器、高度限位器、三圈保护器）工作正常。

6. 起重机虽有力矩限制器及安全装置，但司机在操作前必须对吊重有充分了解，对吊装环境有充分了解（如地面情况、风力等），对照起重性能表确定最佳吊装方案。

## 二、发动机的启动、熄火及油门操作

### 1. 发动机的启动

发动机启动的操作如图 3—1—1 所示。首先将启动钥匙插入启动锁，顺时针转动至一挡，接通电源，电源指示灯亮，上车控制系统供电，然后继续转动钥匙至二挡，发动机即可启动。

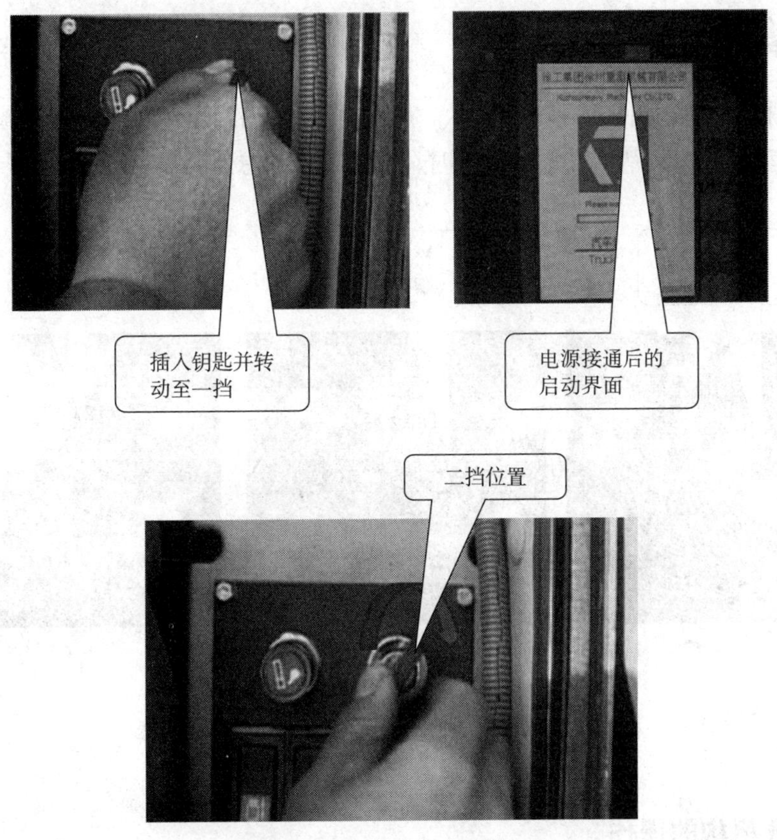


图 3—1—1　发动机启动的操作

## 2. 发动机的熄火

发动机熄火的操作如图 3—1—2 所示。将启动钥匙逆时针转动至三挡，延时 1 ~ 2 s 后，发动机即可熄火，松手后开关复位到断电位置。

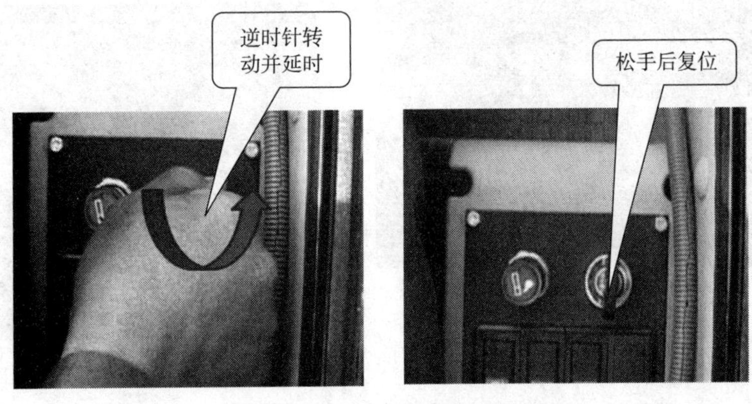


图 3—1—2　发动机熄火的操作

### 3. 上车油门的操作

上车油门的操作如图 3—1—3 所示。用脚踩下上车油门踏板，发动机增速；松开油门踏板，发动机减速；踏板在原始位置时，发动机处于怠速状态。

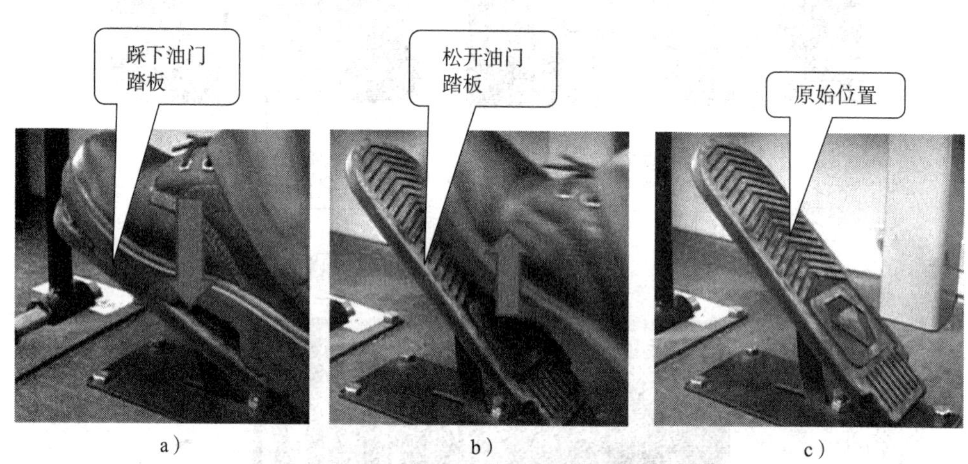


a）　　b）　　c）

图 3—1—3　上车油门的操作
a）发动机增速　b）发动机减速　c）发动机怠速

## 三、主起升机构的操作

主起升机构的操作如图 3—1—4 所示。首先找到主吊钩升降操纵杆；然后操纵主吊钩升降操纵杆，向前推，主吊钩下降，向后拉，主吊钩起升。

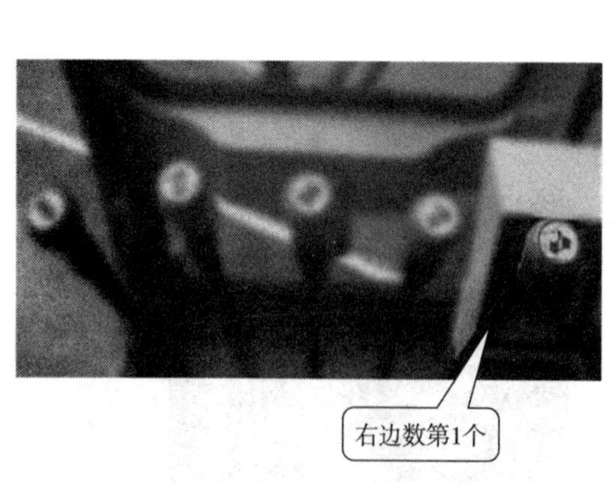

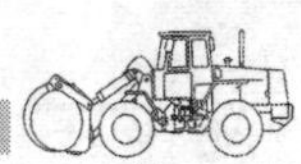

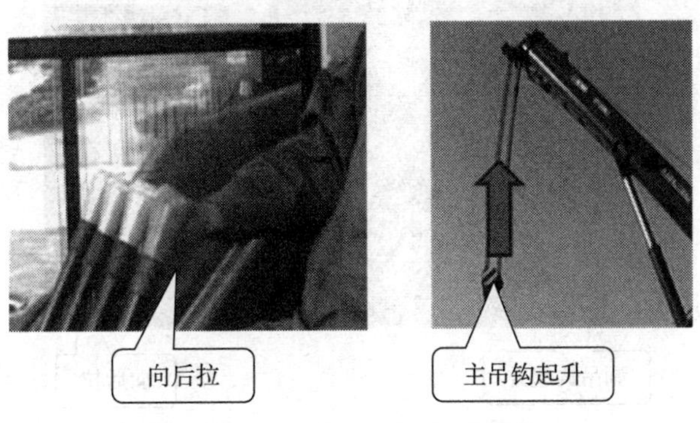


图 3—1—4　主起升机构的操作

**特别提醒**

主吊钩起落速度由操纵杆的位移和油门的大小来控制。

## 四、副起升机构的操作

副起升机构的操作如图 3—1—5 所示。首先找到副吊钩升降操纵杆；然后操纵副吊钩升降操纵杆，向前推，副吊钩下降，向后拉，副吊钩起升。

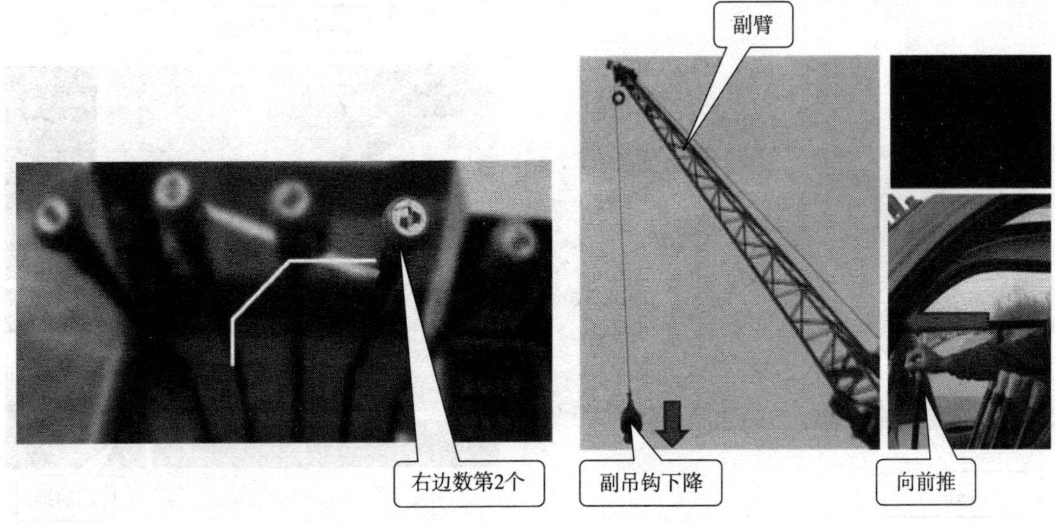

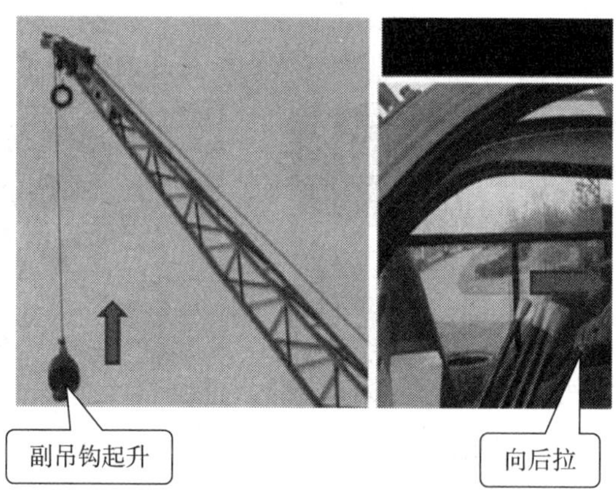


图 3—1—5　副起升机构的操作

**特别提醒**

副吊钩起落速度由操纵杆的位移和油门的大小来控制。

## 五、主臂变幅的操作

主臂变幅的操作如图 3—1—6 所示。首先找到吊臂变幅操纵杆；然后操纵吊臂变幅操纵杆，向前推，主臂下降，向后拉，主臂上升。

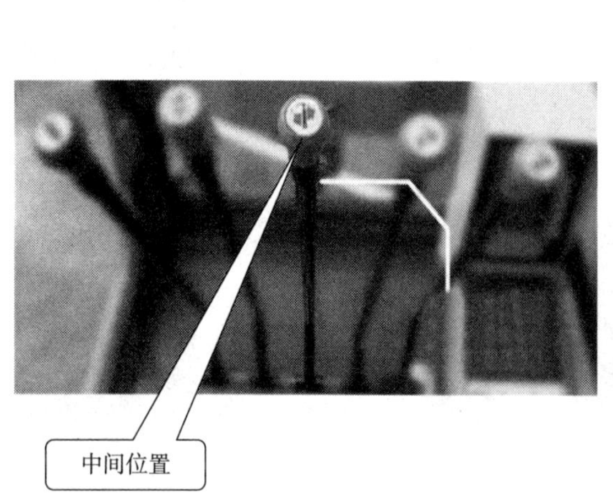

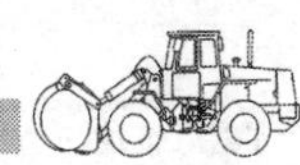

图 3—1—6　主臂变幅的操作

**特别提醒**

吊臂起落速度由操纵杆的位移和油门的大小来控制。

## 六、主臂伸缩的操作

主臂伸缩的操作如图 3—1—7 所示。首先找到吊臂伸缩操纵杆；然后操纵吊臂伸缩操纵杆，向前推，二、三、四节臂同时伸出，向后拉，二、三、四节臂同时缩回。

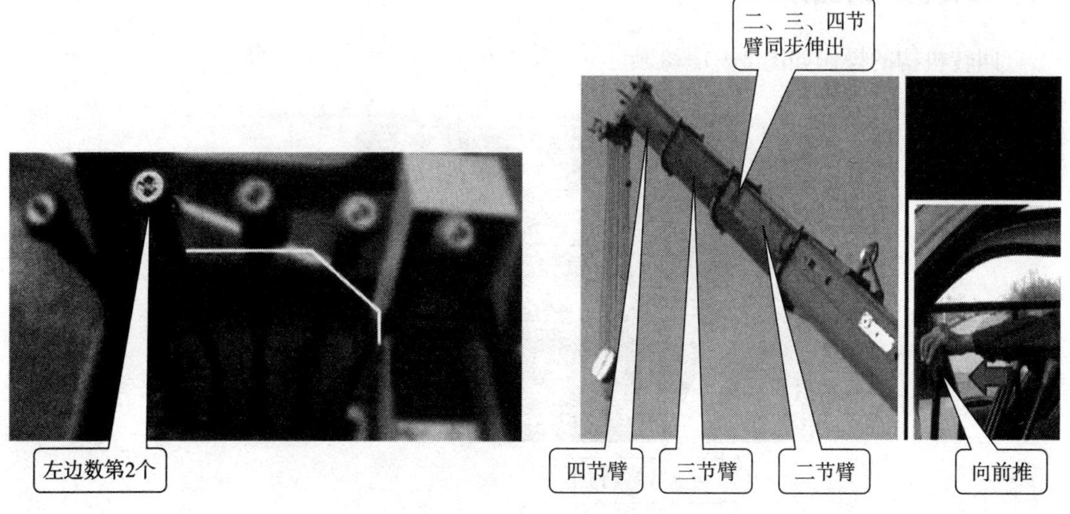

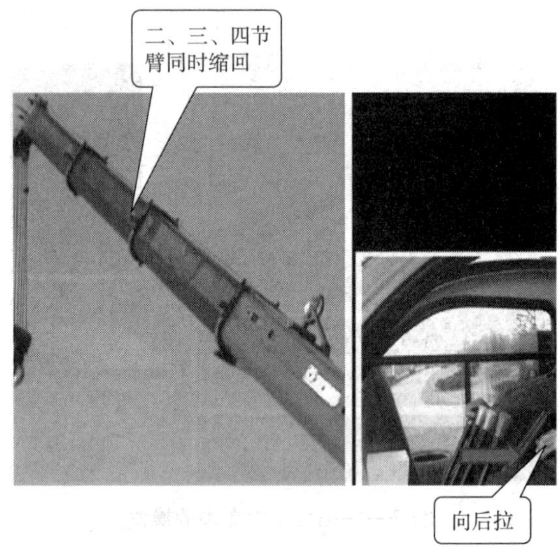


图 3—1—7　主臂伸缩的操作

**特别提醒**

吊臂伸缩速度由操纵杆的位移和油门的大小来控制。

**注意**

不允许带载伸缩，伸缩动作只允许在无外载的状态下操作，否则会造成伸缩油缸拉伤。

## 七、回转机构的操作

回转机构的操作如图 3—1—8 所示。

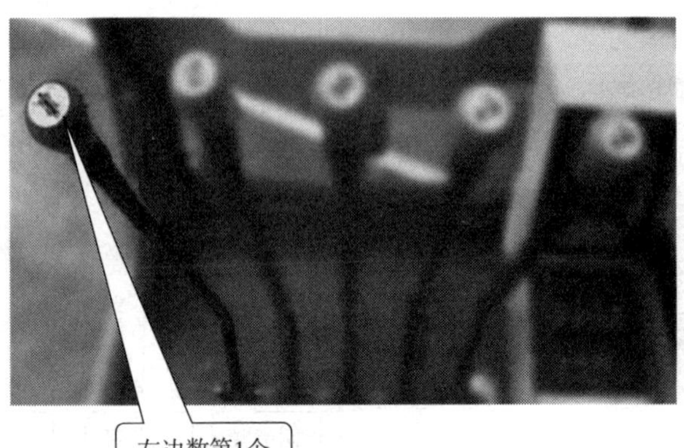


找到回转操纵杆

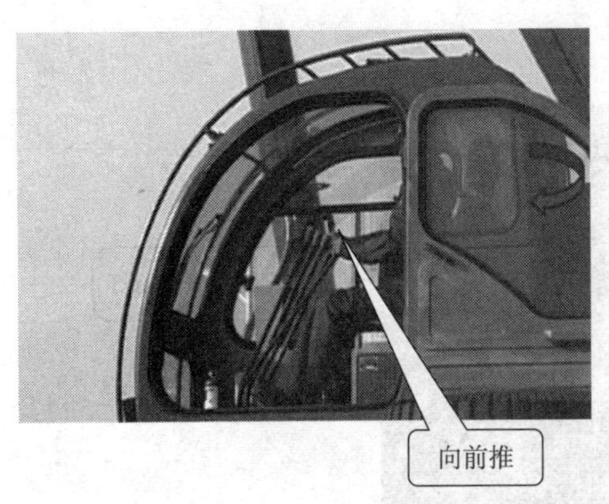

操作回转操纵杆，向前推，转台向右回转　　　　操作回转操纵杆，向后拉，转台向左回转

未使用前方支腿时，当转台旋转至前方作业区域，前方区域指示灯亮并报警

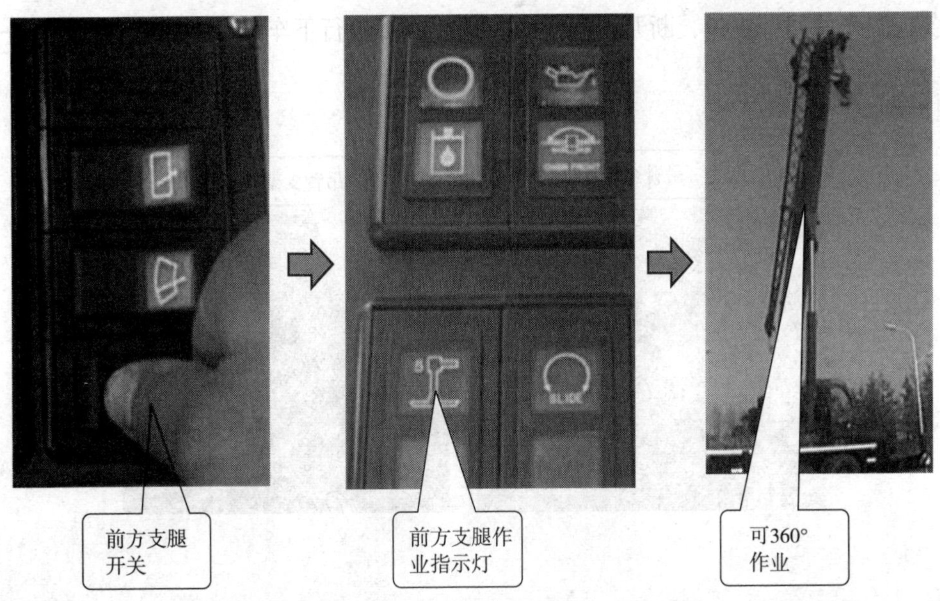


使用前方支腿时，必须按下前方支腿开关，这时，前方支腿作业指示灯亮，起重机可进行 360° 作业

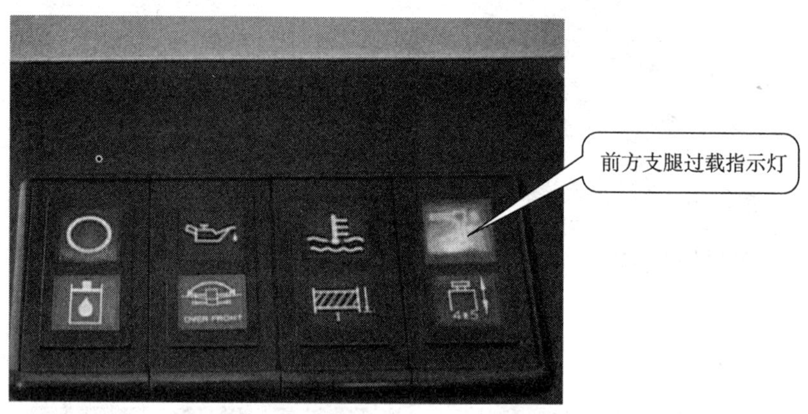


当前方支腿过载时，前方支腿过载指示灯亮

图 3—1—8 回转机构的操作

**注意**

在进行回转操作前，必须脱开转台锁止装置。

## 八、起重机完成作业后的状态

吊臂全部收回，吊钩固定在车架上吊钩固定位置，确认吊臂放在吊臂支架上，操纵杆及各控制开关回到中位，断开上车电源，这时方可进行下车部分的操作，如图 3—1—9 所示。

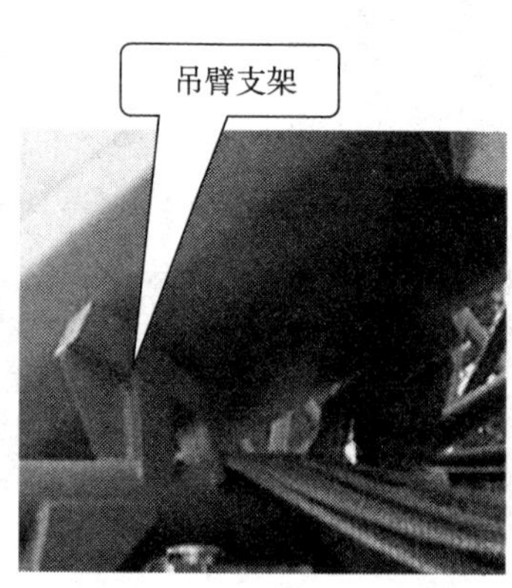

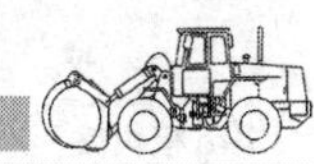

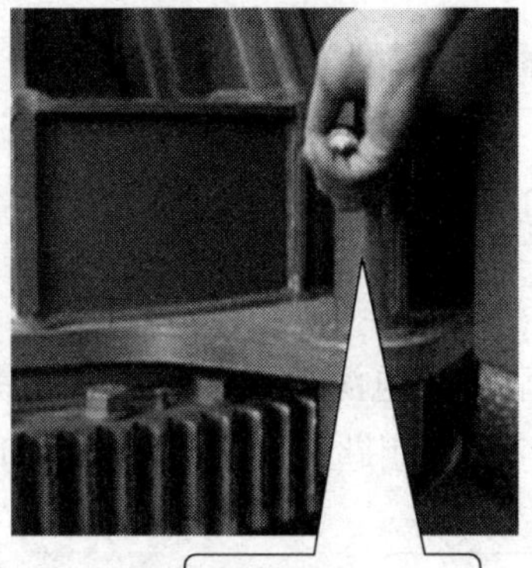


图 3—1—9　起重机完成作业后的状态

## 复习思考题

1. 简述发动机的启动步骤。
2. 简述主起升机构的操作步骤。
3. 简述副起升机构的操作步骤。
4. 简述主臂变幅的操作步骤。
5. 简述主臂伸缩的操作步骤。
6. 简述回转机构的操作步骤。

# 课题 2　先导控制型工作装置操作

## 学习目标

1. 熟悉先导控制型工作装置的操作流程。
2. 掌握发动机的启动和熄火操作。
3. 掌握主臂伸缩和变幅的操作。
4. 掌握主、副起升机构的操作。
5. 掌握回转机构的操作。
6. 掌握操纵室升降的操作。

## 一、发动机的启动和熄火

先导控制型工作装置的操作视频

### 1. 发动机的启动

发动机启动的操作如图 3—2—1 所示。首先操作人员穿戴劳保用品，通过登高梯进入操纵室；然后开启电源总开关，将启动钥匙顺时针转动至一挡，接通电源，上车控制系统供电；继续转动钥匙至二挡，发动机即可启动。

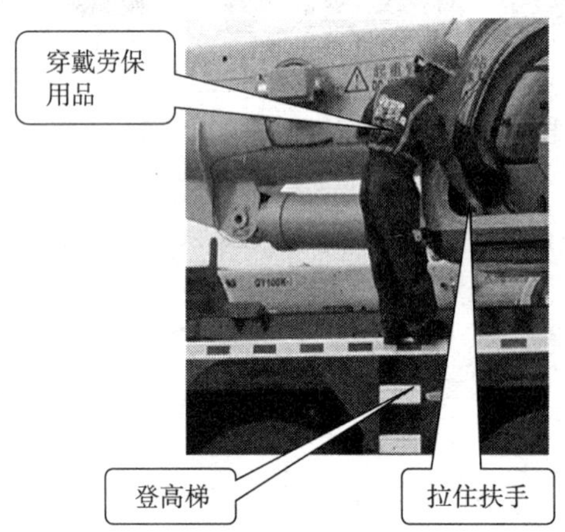


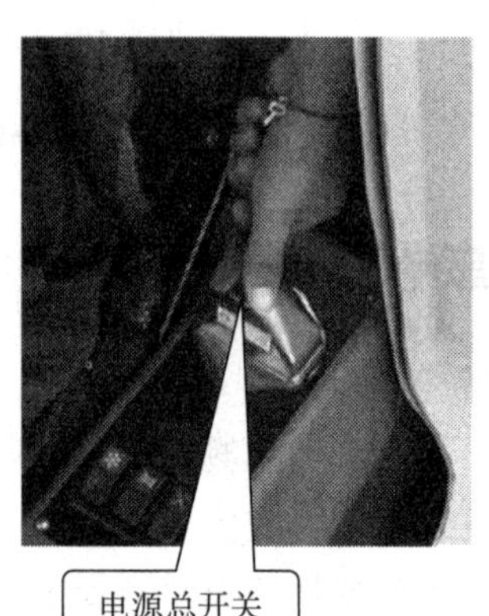


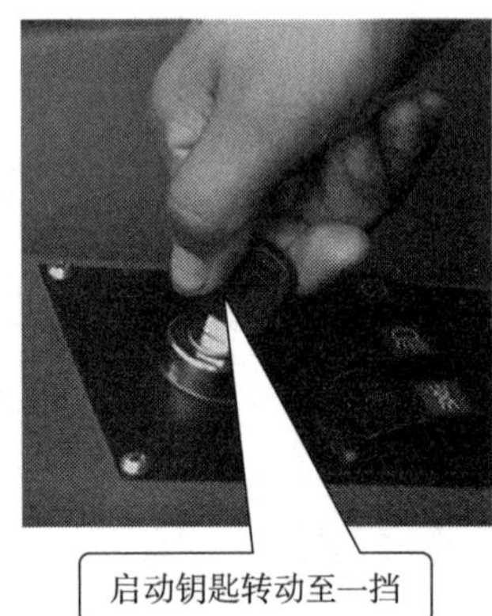

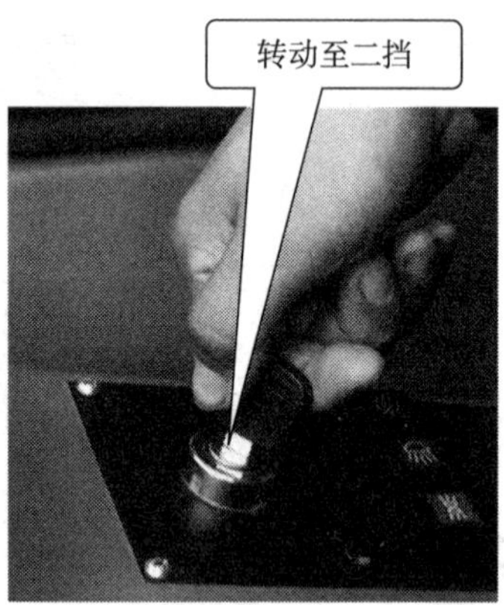


图 3—2—1 发动机启动的操作

**特别提醒**

1. 进入操纵室时注意，应拉操纵室下方的扶手，不要拉操纵杆。

2. 如果在 6 s 内未能启动，应将钥匙转回到接通电源位置，间隔 15 s 后进行二次启动，如果连续三次不能启动，必须停止启动，查找原因。

3. 用油门的大小控制速度的快慢，如图 3—2—2 所示。

### 2. 发动机的熄火

发动机熄火的操作如图 3—2—3 所示。按熄火开关或逆时针转动钥匙，发动机即可熄火。

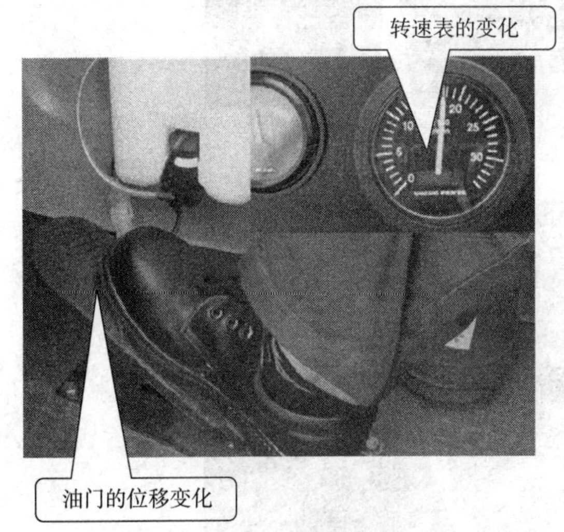


图 3—2—2　速度快慢的控制

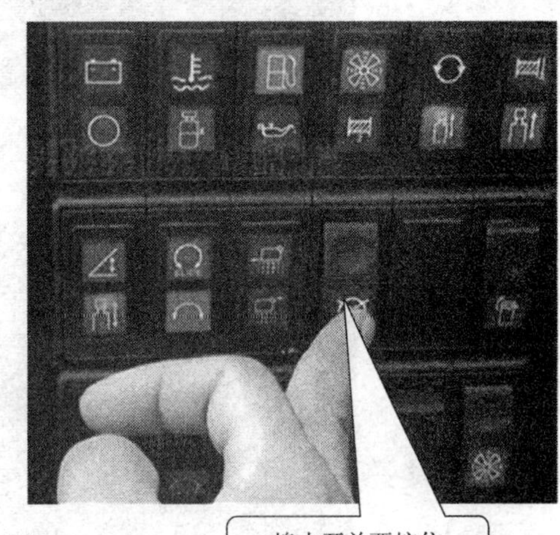


图 3—2—3　发动机熄火的操作

## 二、主臂变幅的操作

主臂变幅的操作如图 3—2—4 所示。首先按下先导开关，关闭伸变切换开关；然后操纵右先导操纵手柄，向右推，主臂下降，向左拉，主臂起升。

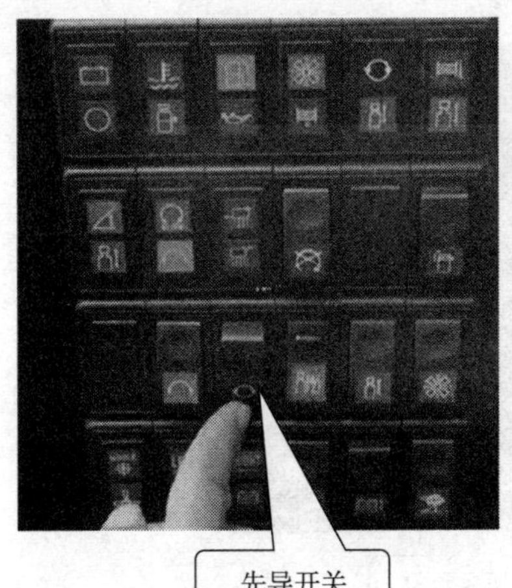

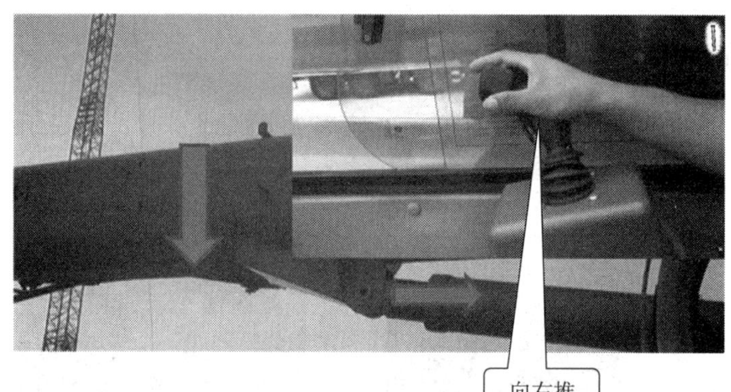


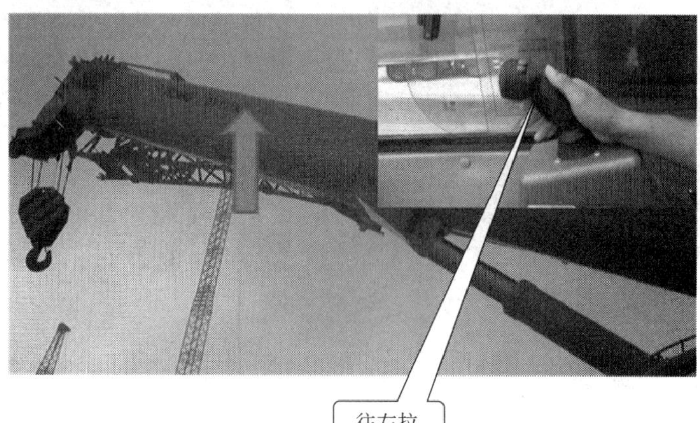


图 3—2—4　主臂变幅的操作

## 三、主臂伸缩的操作

主臂伸缩的操作如图 3—2—5 所示。

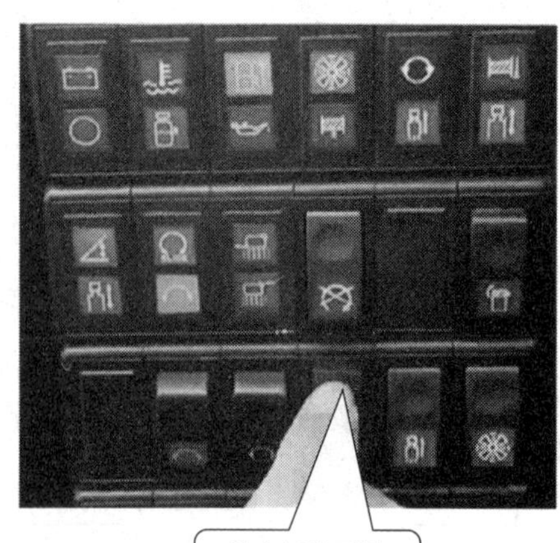


按下伸变切换开关

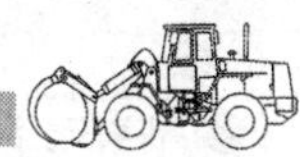

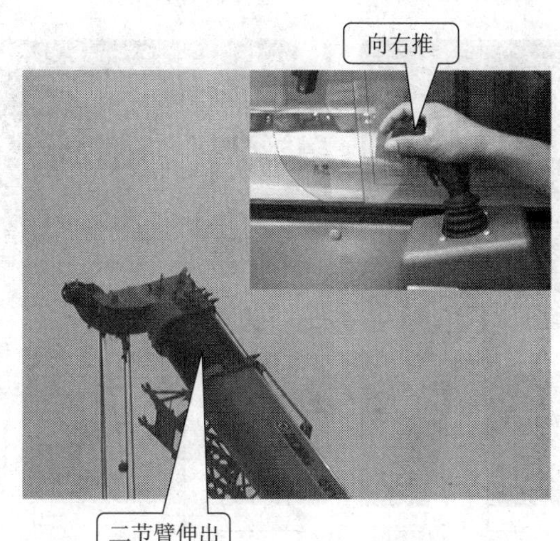


操纵右先导操纵手柄，向右推，二节臂伸出

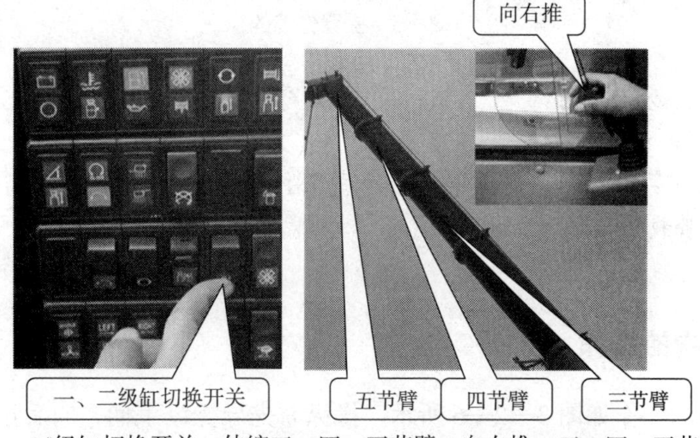


按下一、二级缸切换开关，伸缩三、四、五节臂，向右推，三、四、五节臂伸出

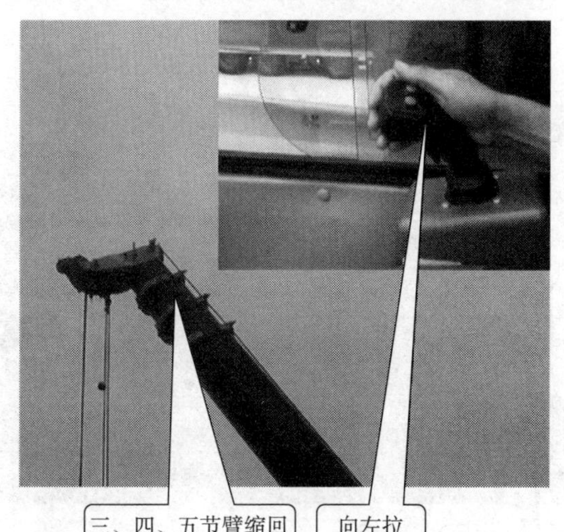


向左拉，三、四、五节臂缩回

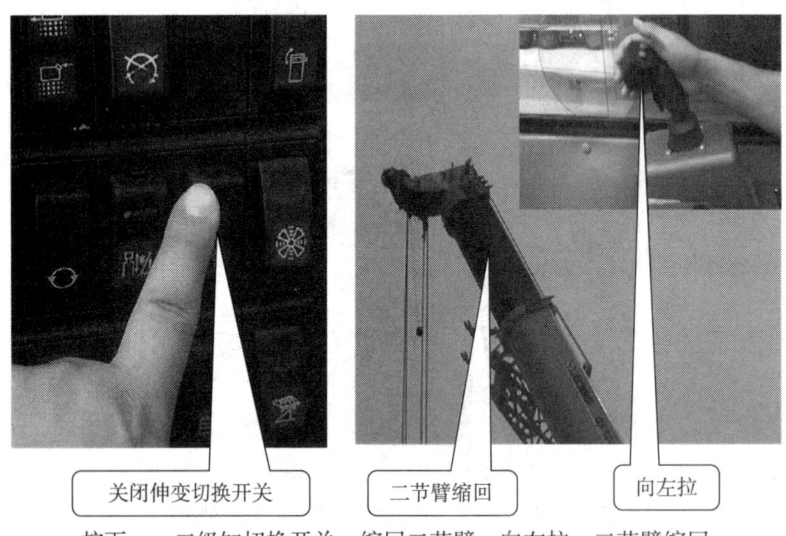


按下一、二级缸切换开关，缩回二节臂，向左拉，二节臂缩回

图 3—2—5　主臂伸缩的操作

**注意**

伸臂时，先伸二节臂，再伸三、四、五节臂；缩臂时，先缩三、四、五节臂，再缩二节臂。不允许带载伸缩。

## 四、主起升机构的操作

主起升机构的操作如图 3—2—6 所示。操纵右先导操纵手柄，向后拉，主吊钩起升，向前推，主吊钩下降。

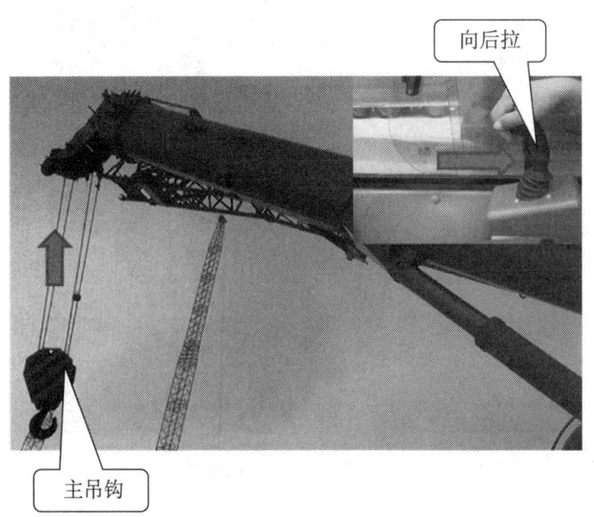

图 3—2—6　主起升机构的操作

## 五、副起升机构的操作

副起升机构的操作如图 3—2—7 示。首先按下副卷选择开关；然后操纵左先导操纵手柄，向前推，副吊钩下降，向后拉，副吊钩起升。

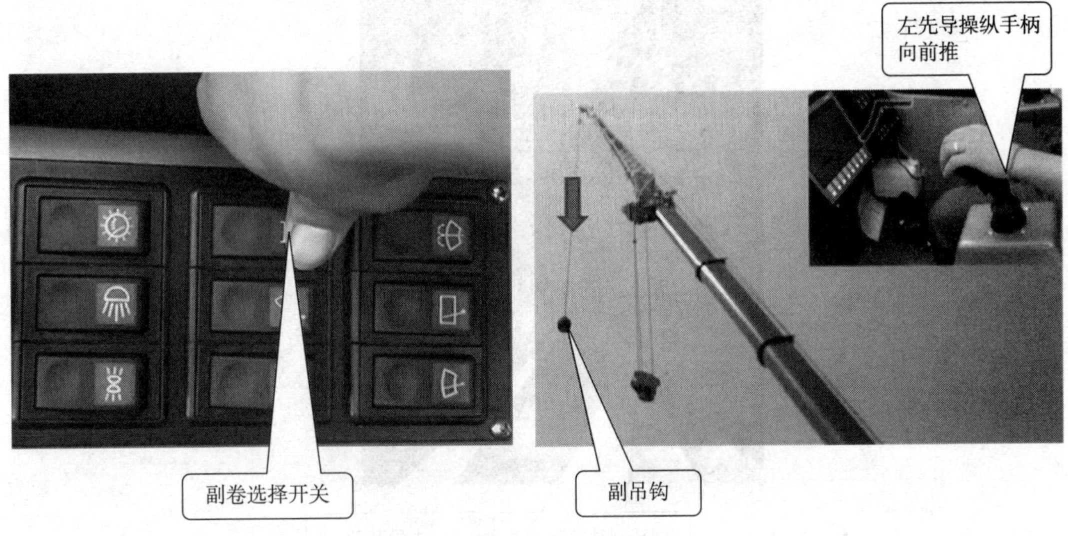

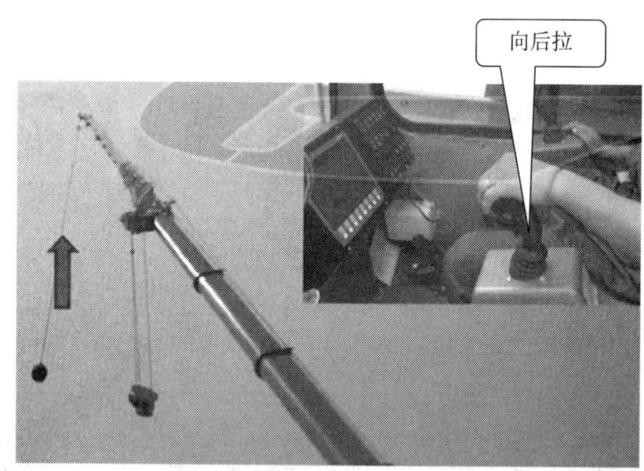


图 3—2—7 副起升机构的操作

## 六、回转机构的操作

回转机构的操作如图 3—2—8 所示。首先按下先导开关，再按下回转制动解除开关；然后操纵左先导操纵手柄，向右推，转台向右回转，向左拉，转台向左回转。

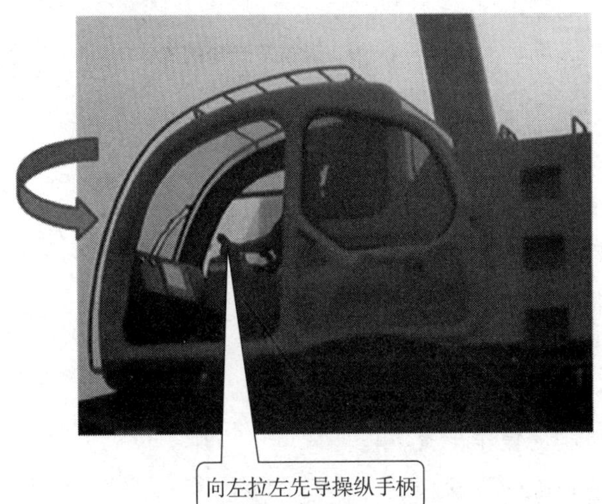


图 3—2—8　回转机构的操作

**注意**

1. 回转半径内应无障碍物。
2. 必须脱开转台锁止装置。
3. 必须解除回转制动开关。

## 七、操纵室升降的操作

操纵室升降的操作如图 3—2—9 所示。操作操纵室升降开关，往下按，操纵室下落，往上按，操纵室上升。

图 3—2—9　操纵室升降的操作

## 复习思考题

1. 简述发动机的启动步骤。
2. 简述启动发动机时的注意事项。
3. 简述主臂变幅的操作步骤。
4. 简述主臂伸缩的操作步骤。
5. 简述主起升机构的操作步骤。
6. 简述副起升机构的操作步骤。
7. 简述回转机构的操作步骤。
8. 简述操纵室升降的操作步骤。

# 课题 3　钢丝绳倍率的变换及副臂的安装

### 学习目标

1. 熟悉钢丝绳倍率的变换及副臂的安装流程。
2. 掌握钢丝绳倍率的变换方法。
3. 掌握副臂的安装方法。

## 一、钢丝绳倍率的变换

钢丝绳倍率的变换视频

变换钢丝绳倍率的操作如图 3—3—1 所示。

支好支腿，主臂全缩后在整车侧方或后方放下，降臂后将吊钩放到地面上

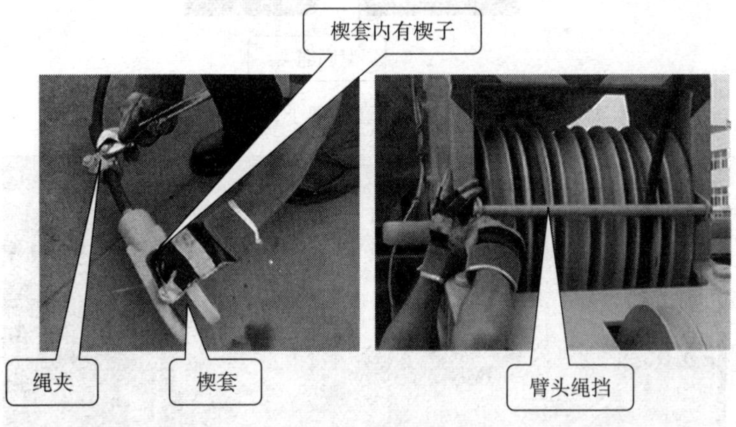


依次拆下吊钩头部的绳夹、楔套、楔子及臂头绳挡

根据工况变换钢丝绳倍率，三倍率和四倍率代表着奇数倍率和偶数倍率两种倍率形式

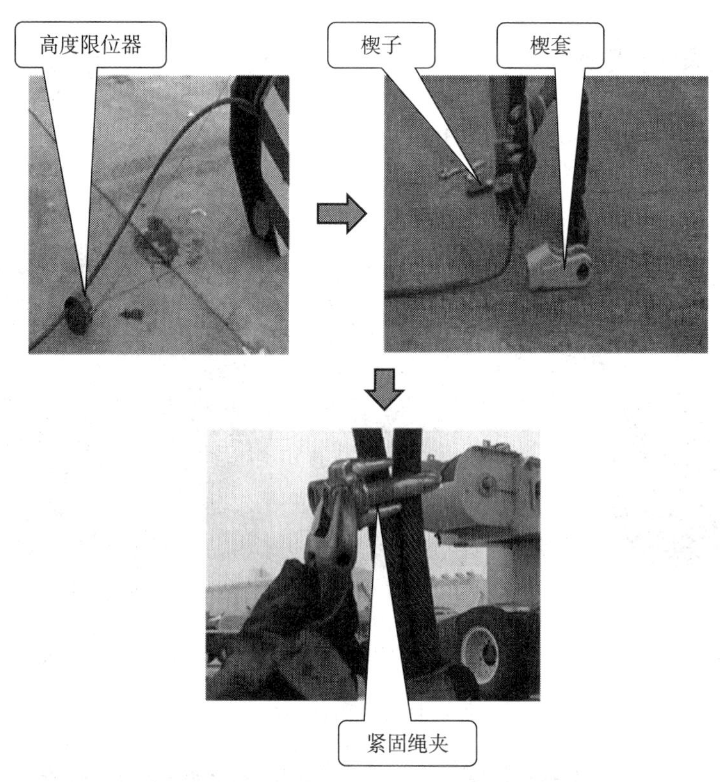


依次穿入高度限位器、楔套、楔子，装上绳夹并固定

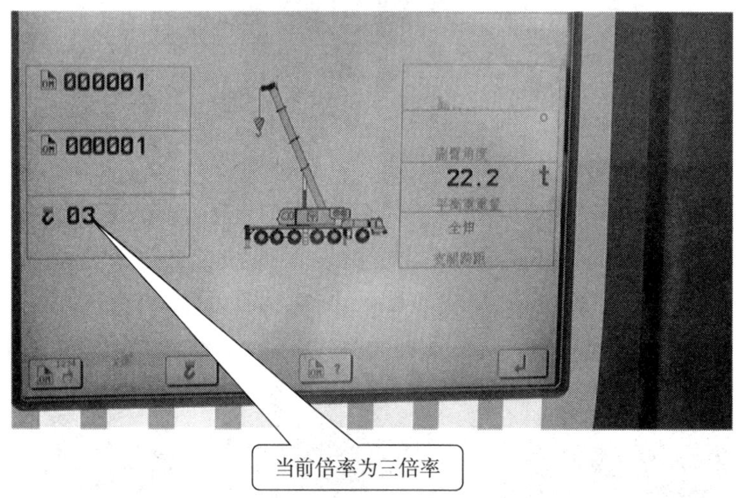


钢丝绳倍率的选择应与实际倍率相符合

图 3—3—1　变换钢丝绳倍率的操作

**特别提醒**

1. 钢丝绳应从绳挡内侧通过。

2. 倍率为奇数时，绳套固定在吊钩上；倍率为偶数时，绳套固定在臂头上。

## 二、副臂的安装

副臂的安装
视频

副臂必须在支腿全伸状态下使用，如图 3—3—2 所示。

图 3—3—2　汽车起重机支腿全伸状态示意图

### 1. 一节副臂的安装

一节副臂安装的具体步骤如图 3—3—3 所示。

主臂全缩后，在整车侧后方放下，将吊臂落至 0° 角

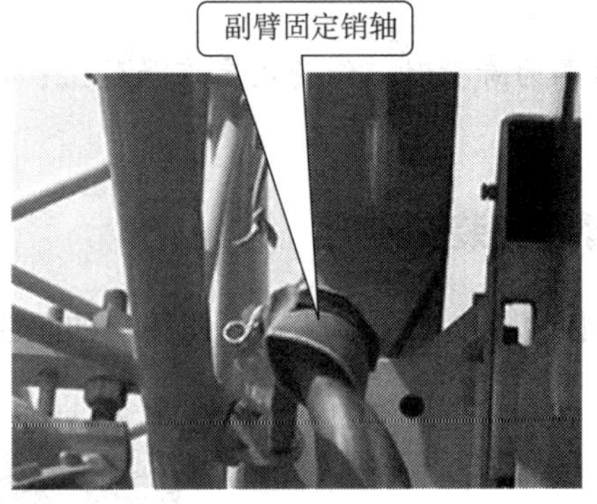


拉出副臂托架，拆掉一节副臂固定销轴

使用牵引绳拉动一节副臂，使副臂上下连接叉与主臂臂头上下两轴孔相对中，用销轴连接

将前托架处的销轴拆掉，拉出一节副臂，将副臂另一侧的连接叉与主臂臂头另一侧上下两轴孔相对中，用销轴连接

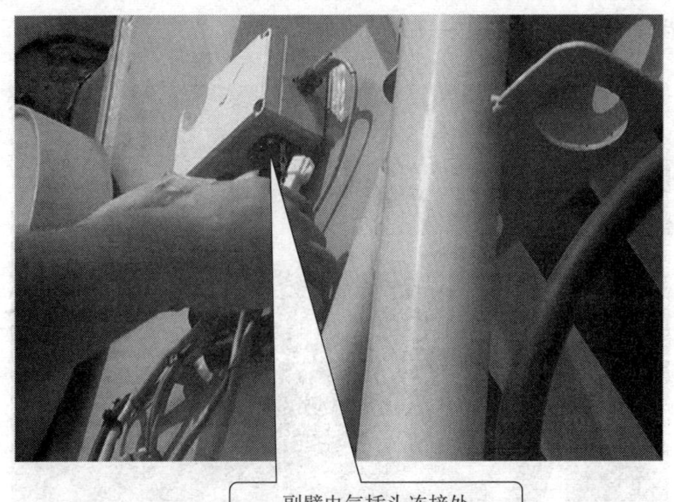


把臂头电气盒上的防水堵头拆下，将副臂电气插头安装到位

拔下销轴，将副臂导向支架拉出，用销轴固定，将副卷钢丝绳依次从导向滑轮、臂头滑轮处穿过，装好绳挡

图 3—3—3　一节副臂的安装

**特别提醒**

安装销轴时，应注意销轴孔的方向。

**注意**

转动副臂时，必须用牵引绳或类似的工具将其拉住，慢慢转动，以免副臂由于重力

作用猛地转动发生危险，如图 3—3—4 所示。

图 3—3—4 牵引绳拉住副臂

## 2. 二节副臂的安装

将一节副臂与二节副臂用销轴连接，拆下一节副臂与二节副臂的固定销轴，将一、二节副臂同时拉出，其余安装步骤同一节副臂，如图 3—3—5 所示。

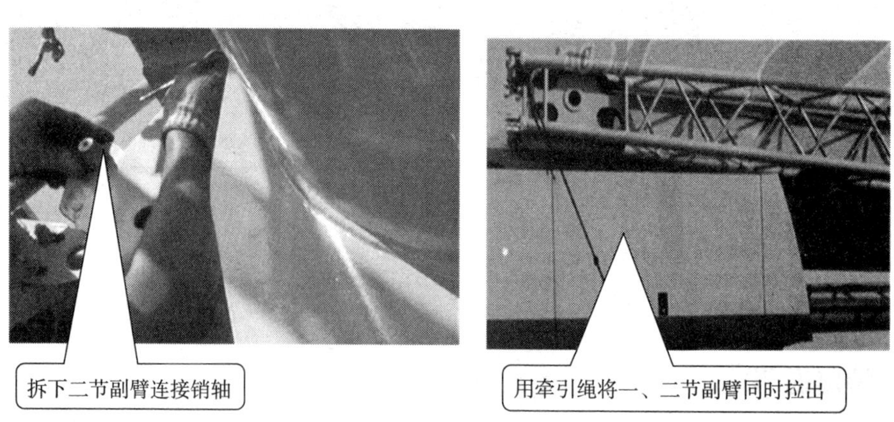


图 3—3—5 二节副臂的安装

## 3. 副臂 15° 和 30° 角位置安装

副臂 15° 和 30° 角位置安装的具体步骤如图 3—3—6 所示。首先使用辅助吊车将副

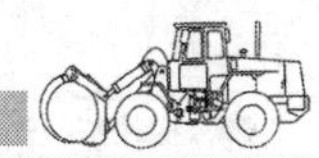

臂臂头轻轻吊起，使副臂 0° 角固定销轴不受力，将销轴从 0° 角孔拆下安装在 15° 角孔处，缓慢放下辅助吊车；然后采用同样的方法将副臂安装到 30° 角位置，注意 30° 角的销轴孔位置。

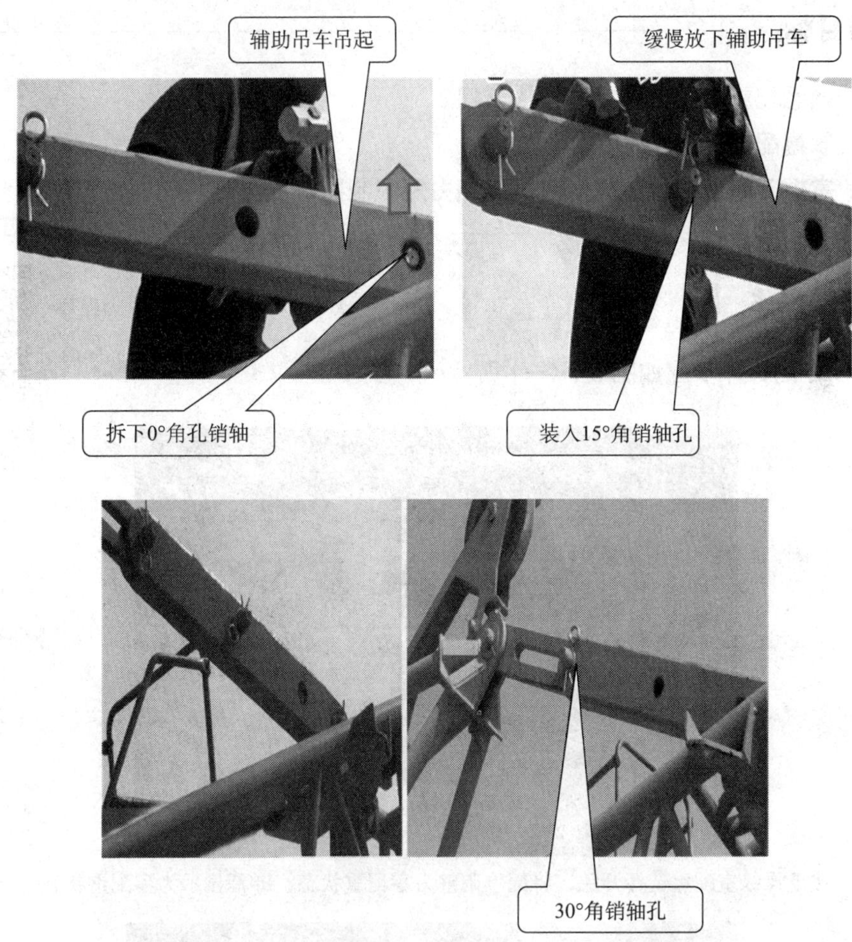


图 3—3—6　副臂 15° 和 30° 角位置安装

## 复习思考题

1. 简述钢丝绳倍率的变换步骤。
2. 简述副臂安装的注意事项。
3. 简述一节副臂的安装步骤。
4. 简述二节副臂的安装步骤。

## 课题 4　配重及安全装置的操作

### 学习目标

1. 熟悉配重及安全装置的操作流程。
2. 掌握配重的操作方法。
3. 掌握三圈保护器、高度限位器和力矩限制器等安全装置的操作方法。

### 一、配重的操作

配重的操作视频

配重操作的具体步骤如图 3—4—1 所示。

按下操纵室配重选择开关，将配重调整为零配重状态，屏幕显示为零配重状态

使用遥控盒对转台的旋转和配重油缸的伸缩进行检查

将配重底座吊装在车架上，吊装过程中，配合人员使用牵引绳对配重进行牵引，由下面人员指挥将配重与车架定位块对正并落入，转台转向后方

将配重油缸全伸，旋转过程中保证配重油缸与底座支架无干涉，旋转过程中，辅助人员应站在旋转半径外，避免被转台及排气筒挤伤或烫伤

缩回配重油缸，注意观察两油缸同步状态，消除两油缸速度相差过大情况

按配重顺序将其余配重吊装到配重底座上

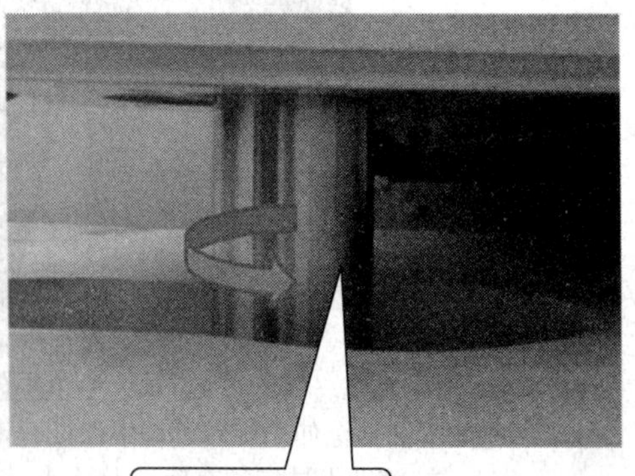


将配重油缸全伸，旋入配重底座支架

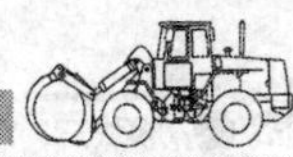

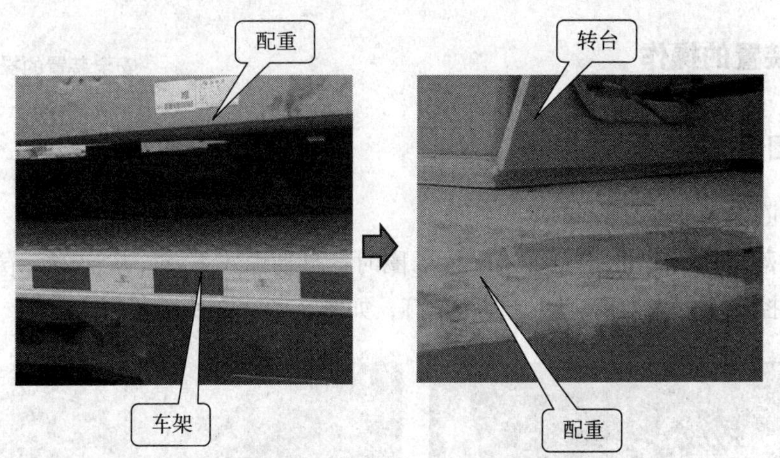


提升油缸，使配重与车架分离，保证配重与转台贴合

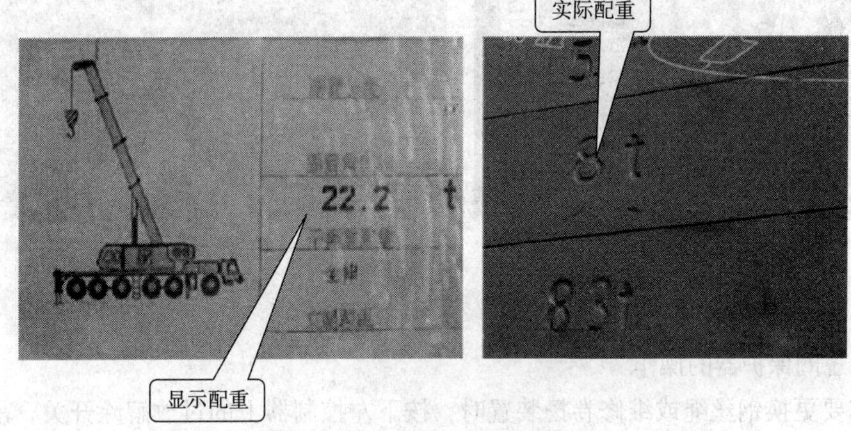


调整配重工况，使其与实际配重相符合

车辆进入正常使用状态

图 3—4—1　配重的操作

## 二、安全装置的操作

### 1. 三圈保护器

（1）三圈保护器的功能

当卷扬落至卷筒上的钢丝绳剩下 3～5 圈时，自动停止下落，从而防止卷扬过放，通过显示器监控界面可查询到三圈保护指示灯，如图 3—4—2 所示。

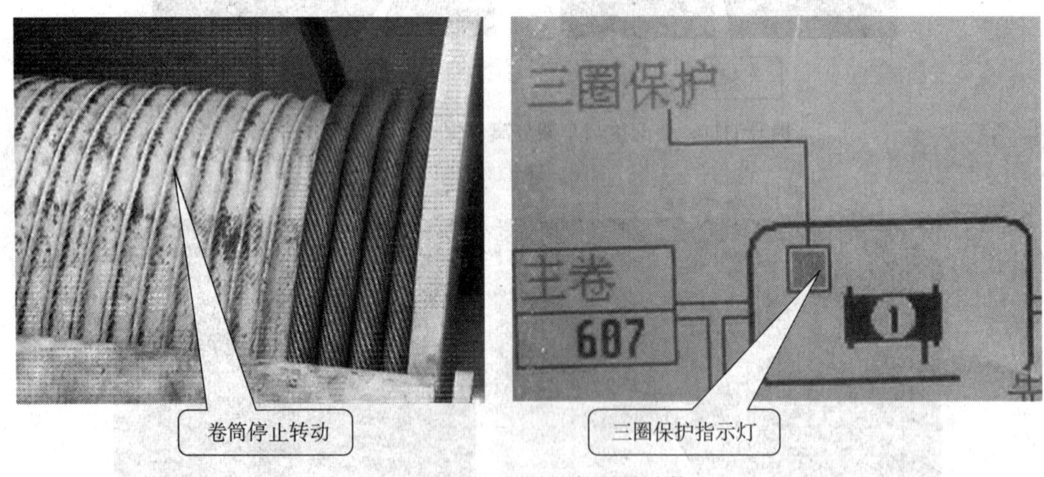


图 3—4—2　三圈保护器的功能

（2）三圈保护器的操作

当需要更换钢丝绳或维修卷扬装置时，按下左控制器上的过放解除开关，吊钩可继续下降，如图 3—4—3 所示。

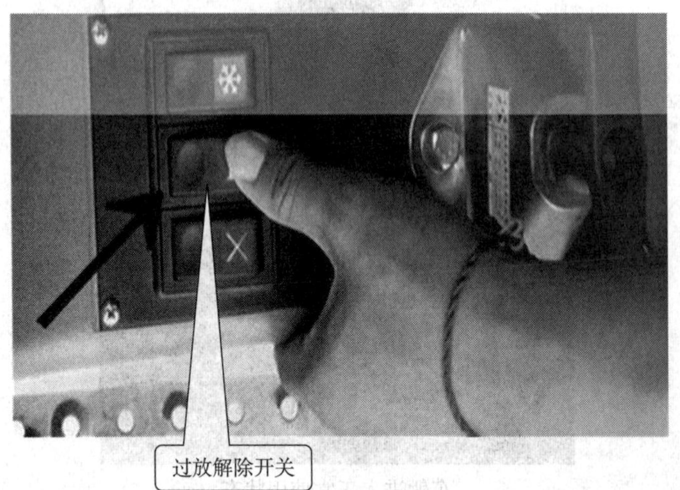


图 3—4—3　三圈保护器的操作

## 2. 高度限位器

当吊钩起升至碰到高度限位器重锤时，吊钩自动停止起升，从而防止吊钩过卷，显示器报警并有指示，如图 3—4—4 所示。

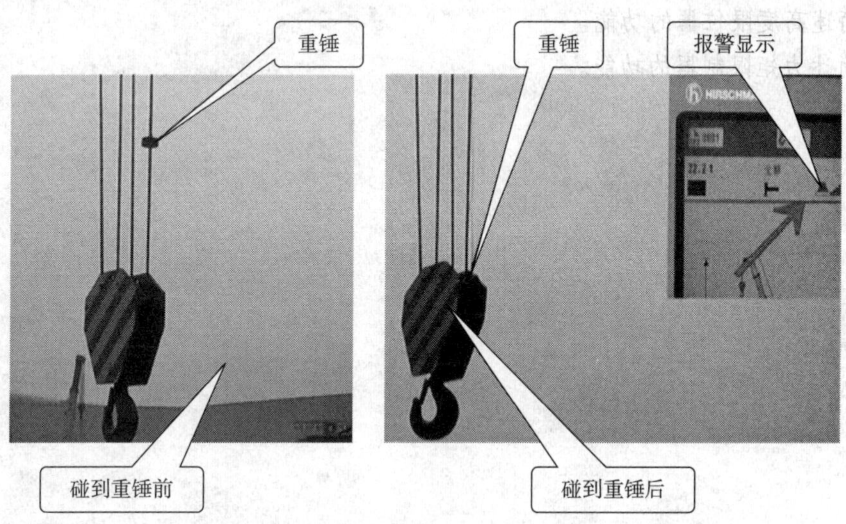


图 3—4—4　高度限位器的功能

## 3. 力矩限制器

当力矩限制器出现故障不能正常工作时，要向安全方向操作，严禁超载作业，否则容易造成起重机倾翻或折臂。

当力矩百分比达到 90% 时，状态条显示为黄色，三色警灯黄灯闪亮；当力矩百分比达到 100% 时，状态条显示为红色，三色警灯红灯闪亮，如图 3—4—5 所示。

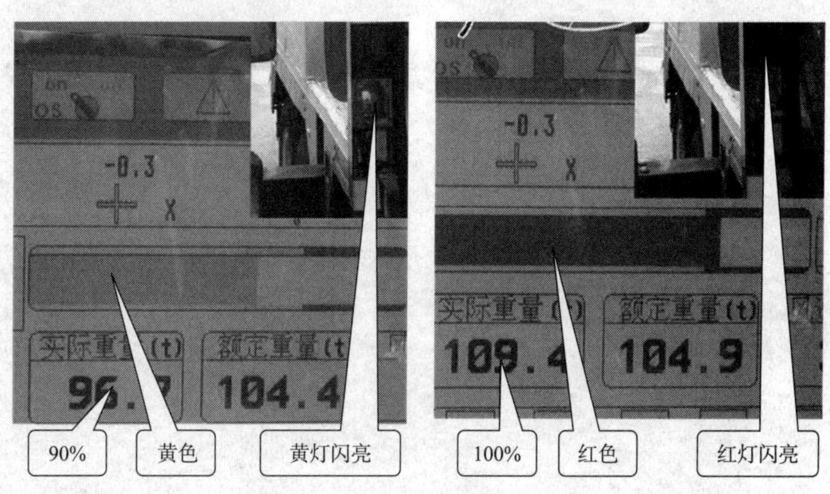


图 3—4—5　力矩限制器的功能

## 复习思考题

1. 简述配重的操作步骤。
2. 简述三圈保护器的功能及操作步骤。
3. 简述高度限位器的功能。
4. 简述力矩限制器的功能。

## 模块四

# 汽车起重机维护与保养

**本模块以中小吨位汽车起重机为载体，介绍汽车起重机底盘和工作装置的维护与保养方法，具体内容包括行车前的检查工作、底盘部分的检查与调整和上车部分的检查与调整。**

# 课题 1　行车前的检查工作

## 学习目标

1. 熟悉行车前的检查工作内容。

2. 掌握发动机润滑油、冷却液、转向油、离合器操纵油液和液压油的检查方法和步骤。

3. 掌握仪表盘仪表及灯光的检查方法和步骤。

4. 掌握转向机构、传动机构、轮胎气压、制动机构的检查方法和步骤。

## 一、检查发动机润滑油

检查发动机润滑油的操作如图 4—1—1 所示。启动发动机，运行 15 min 后停机检查，拉出油标尺，根据油标尺上油的位置及颜色进行检查。

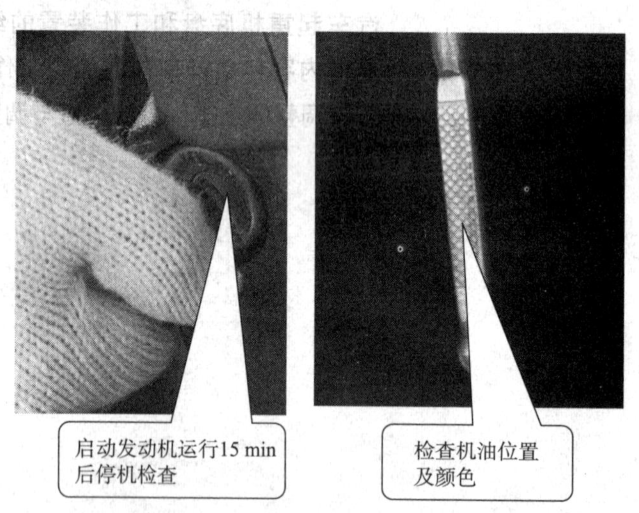


图 4—1—1　检查发动机润滑油的操作

## 二、检查冷却液

检查冷却液的操作如图 4—1—2 所示。打开膨胀水箱侧面加水口，液面应与加水口下沿平齐，达不到要求必须进行补充。

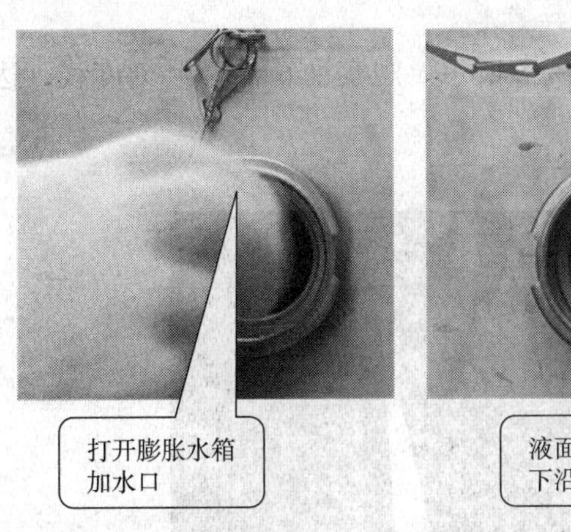


图 4—1—2　检查冷却液的操作

## 三、检查转向油

检查转向油的操作如图 4—1—3 所示。观察转向油的液面高度，达不到要求必须进行补充。

## 四、检查离合器操纵油液

检查离合器操纵油液的操作如图 4—1—4 所示。观察油杯液面高度，达不到要求必须进行补充。

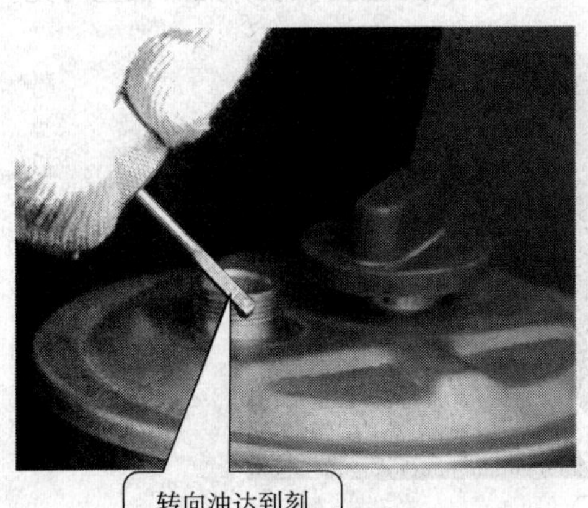


图 4—1—3　检查转向油的操作

图 4—1—4　检查离合器操纵油液的操作

## 五、检查液压油

检查液压油的操作如图 4—1—5 所示。观察油箱油标尺刻度线，达不到要求必须补充。

图 4—1—5　检查液压油的操作

## 六、检查仪表盘仪表及灯光

检查仪表盘仪表及灯光的操作如图 4—1—6 所示。首先检查仪表，然后检查灯光。

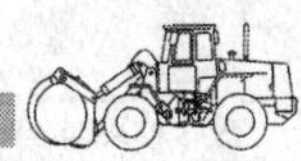

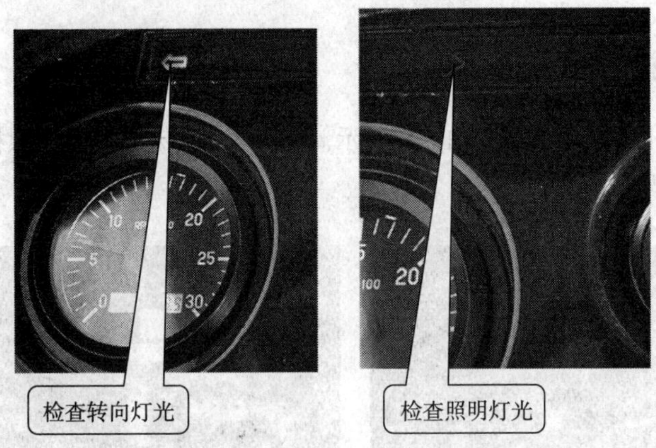

图 4—1—6　检查仪表盘仪表及灯光的操作

## 七、检查转向机构

检查转向机构的操作如图 4—1—7 所示。首先检查转向机构是否灵活可靠，然后检查转向顶杆处是否紧固可靠。

图 4—1—7　检查转向机构的操作

## 八、检查传动机构

检查传动机构的操作如图 4—1—8 所示。首先检查传动轴紧固螺栓并紧固，然后检查传动轴中间支承紧固螺栓并紧固。

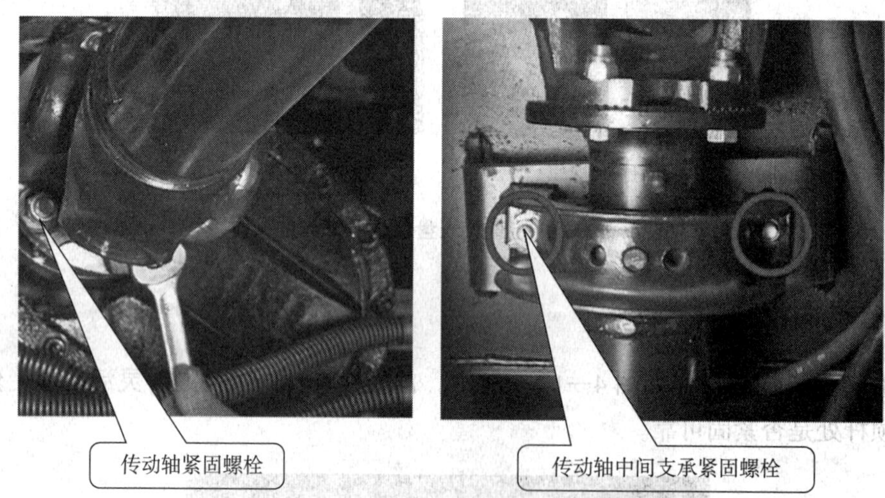


图 4—1—8　检查传动机构的操作

## 九、检查轮胎气压

检查轮胎气压的操作如图 4—1—9 所示。用气压表检测轮胎气压，轮胎气压的压力应符合说明书要求。

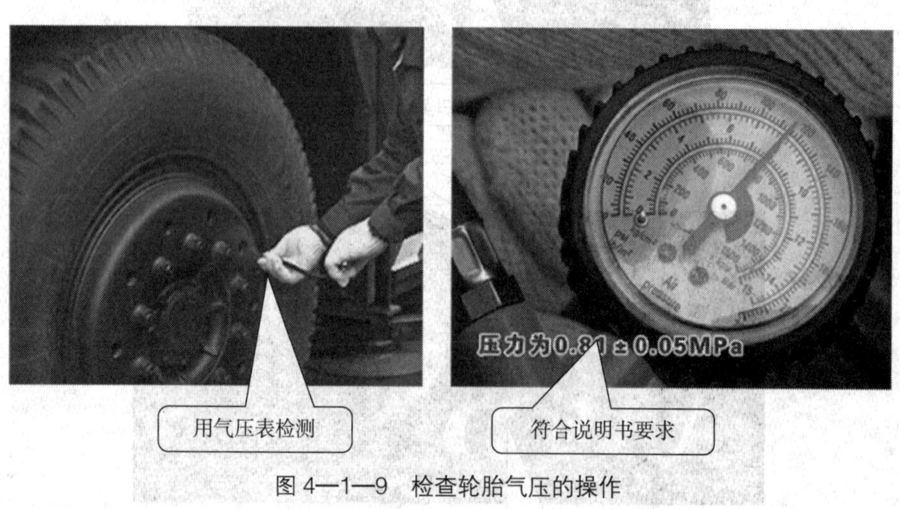


图 4—1—9　检查轮胎气压的操作

## 十、检查制动机构

### 1. 检查脚制动机构

检查脚制动机构的操作如图 4—1—10 所示。车速每小时 30 km 时，踩下制动踏板，制动距离应不超过 10 m。

图 4—1—10 检查脚制动机构的操作

### 2. 检查驻车制动机构

检查驻车制动机构的操作如图 4—1—11 所示。

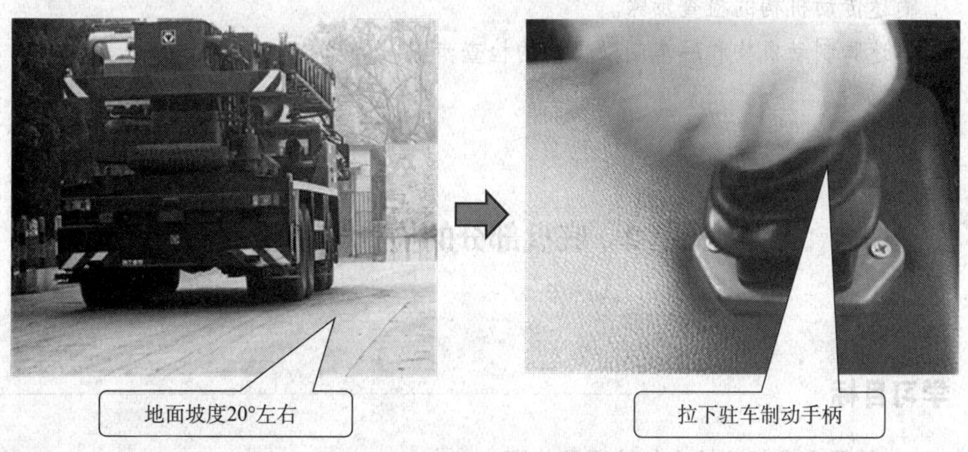


方法一：将汽车停在 20° 左右的斜坡上，拉下驻车制动手柄，检查制动效果

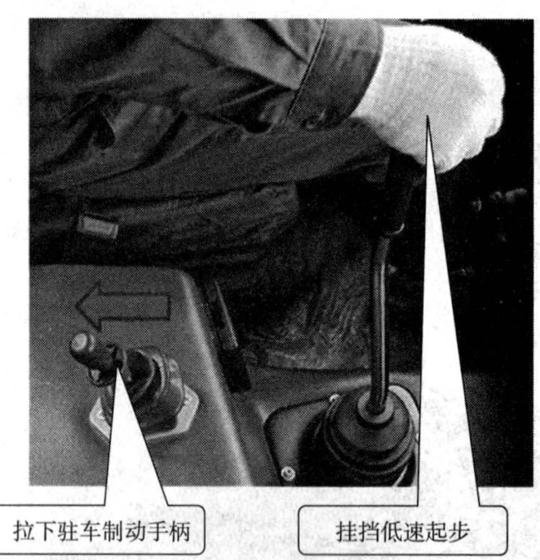


方法二：在平坦路面上拉下驻车制动手柄，使车低速起步，检查驻车制动效果是否可靠

图 4—1—11　检查驻车制动机构的操作

## 复习思考题

1. 简述发动机润滑油的检查步骤。
2. 简述冷却液的检查步骤。
3. 简述转向油的检查步骤。
4. 简述液压油的检查步骤。
5. 简述仪表盘仪表及灯光的检查步骤。
6. 简述转向机构的检查步骤。
7. 简述传动机构的检查步骤。
8. 简述脚制动机构和驻车制动机构的检查步骤。

# 课题 2　底盘部分的检查与调整

## 学习目标

**1. 熟悉底盘部分检查的流程和步骤。**

**2. 掌握离合器操纵系统的检查与调整方法。**

3. 掌握桥刹车蹄片间隙的调整方法。
4. 掌握前后悬挂骑马螺栓的紧固方法。
5. 掌握前桥前束的调整方法和步骤。
6. 掌握轮胎螺栓的检查与紧固方法。

## 一、离合器操纵系统的检查与调整

### 1. 排除系统中的空气

排除离合器操纵系统中空气的操作如图 4—2—1 所示。

油杯中加入制动液，使液面高度为油杯的 4/5 左右

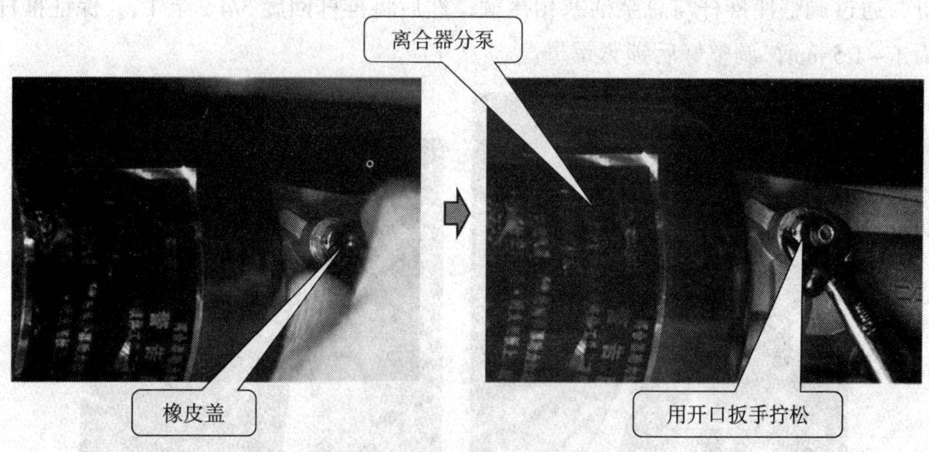


打开离合器分泵上的放气口橡皮盖，拧松放气口

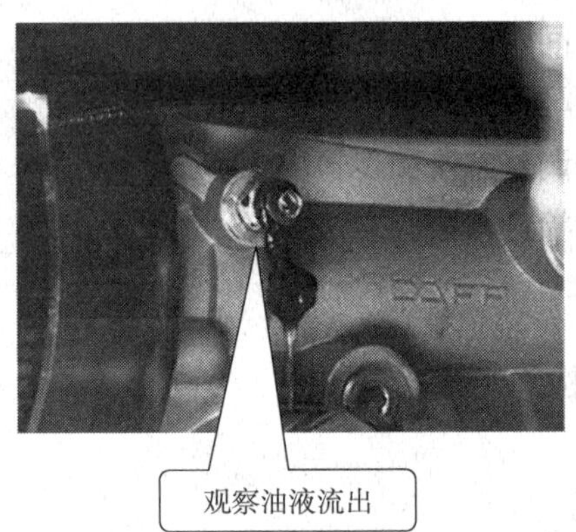


离合器踏板踩到底，等放气孔有油液流出时，再拧紧放气螺母，放松离合器踏板

图 4—2—1　排除离合器操纵系统中空气的操作

(1) 反复进行以上操作，直到放气孔中无气泡冒出为止。

(2) 调整期间应注意油杯中的液面高度，并及时补充。

注意

制动液每隔 12 个月应更换一次，以后每个月应检查油位并及时添加。

### 2. 离合器总泵及推杆长度的调整

离合器总泵及推杆长度调整的操作如图 4—2—2 所示。首先拧松离合器总泵推杆锁紧螺母，通过调整使推杆与总泵活塞相接触；然后将推杆回旋 3/4 r 至 1 r，保证推杆行程间隙为 1 ~ 1.5 mm，调整好后锁紧螺母。

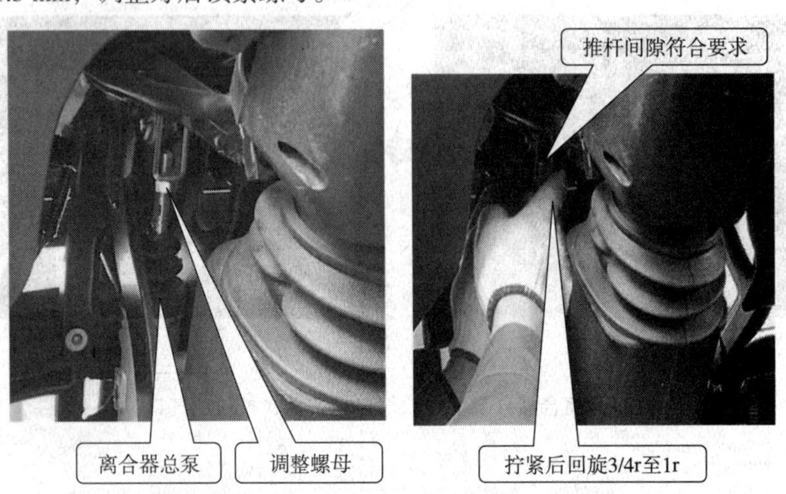


图 4—2—2　离合器总泵及推杆长度调整的操作

## 二、桥刹车蹄片间隙的调整

调整桥刹车蹄片间隙的操作如图 4—2—3 所示。调节调整螺钉到轮胎抱死状态，回旋 1 r 左右，用手转动轮胎，应灵活自如，脚刹车灵活可靠。

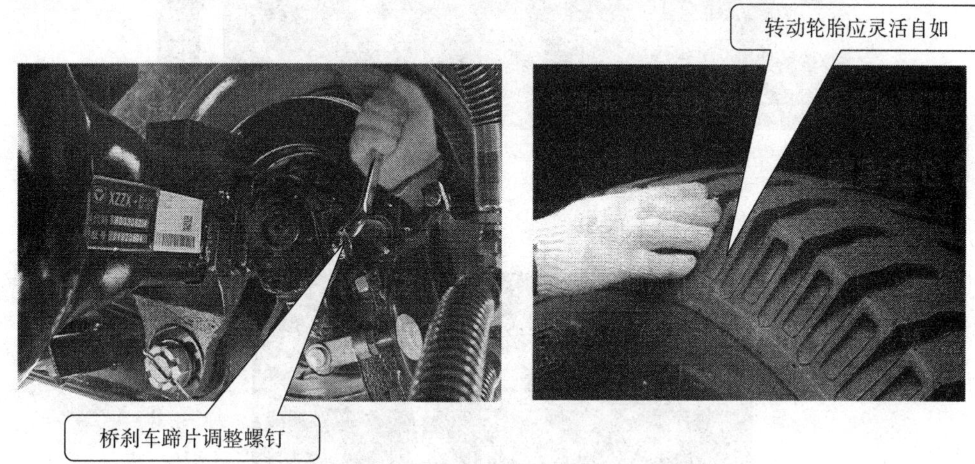


图 4—2—3　调整桥刹车蹄片间隙的操作

## 三、前后悬挂骑马螺栓的紧固

前后悬挂骑马螺栓紧固的操作如图 4—2—4 所示。首先将整车处于支起状态；然后采用扭矩扳手紧固骑马螺栓；紧固后，保证前桥拧紧力矩符合设计要求，参考数据为 500 ~ 550 N · m。

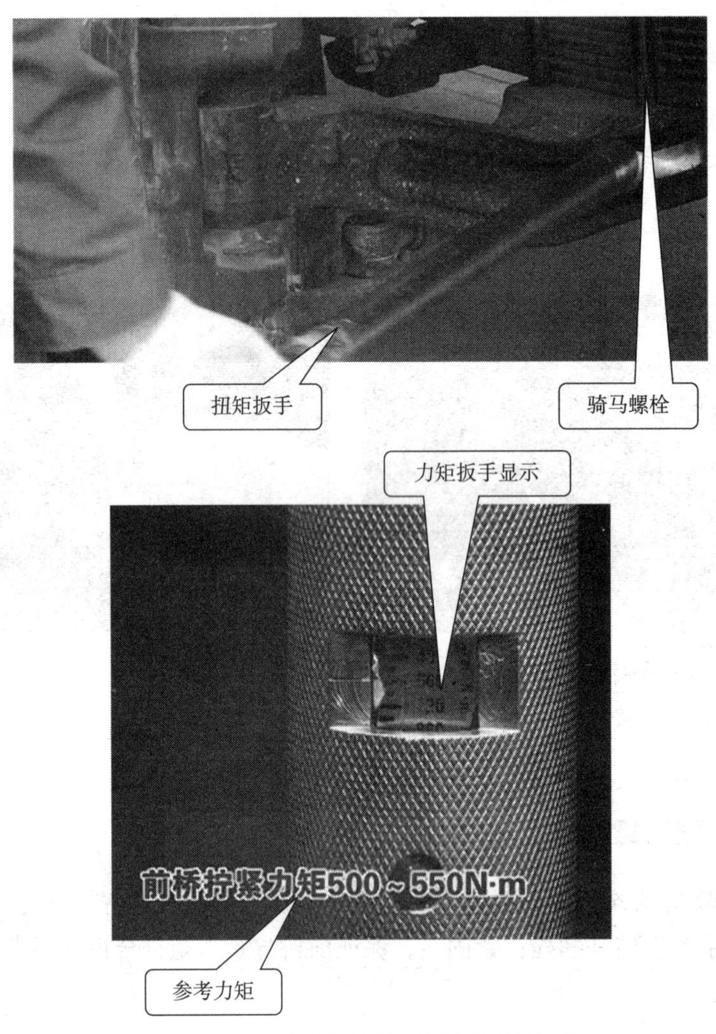


图 4—2—4　前后悬挂骑马螺栓紧固的操作

**注意**

*以后应定期检查与调整，否则骑马螺栓的松动会引起桥错位，造成吃胎。*

## 四、前桥前束的调整

前桥前束调整的操作如图 4—2—5 所示。首先支起起重机，拆松前桥横向拉杆紧固螺栓，然后调整横向拉杆，最后用卷尺测量两侧轮胎中心线的前后距离，所测量的前后距离差即为前束尺寸，前束调整尺寸为 8～12 mm，前束调整达到技术要求后，必须拧紧锁紧螺栓。

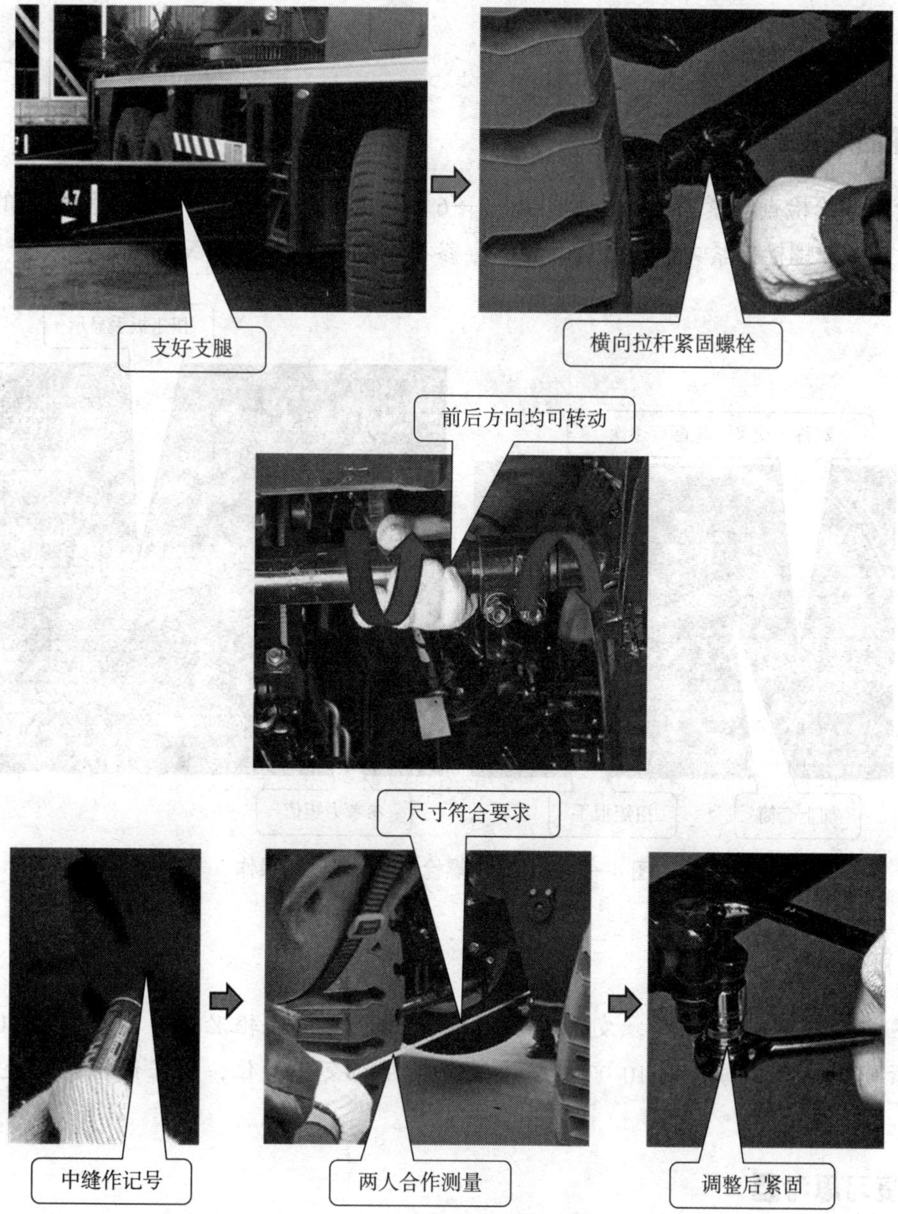

支好支腿

横向拉杆紧固螺栓

前后方向均可转动

尺寸符合要求

中缝作记号

两人合作测量

调整后紧固

图 4—2—5　前桥前束调整的操作

**特别提醒**

若有前二桥，其前束调整按前一桥前束调整方法进行。

**注意**

应定期检查与调整，保证前束尺寸，否则会造成前桥吃胎，出现转向发抖或车辆跑偏等现象。

## 五、轮胎螺栓的检查与紧固

轮胎螺栓检查与紧固的操作如图 4—2—6 所示。采用扭矩扳手对角紧固轮胎的螺栓。紧固后，保证螺栓拧紧力矩符合设计要求，参考数值为 600 ~ 660 N・m。

图 4—2—6　轮胎螺栓检查与紧固的操作

应定期检查轮胎螺栓，发现松动及时紧固，重新装轮胎后，车辆行驶 50 km 必须复紧一次，车辆每行驶 10 000 km 应进行轮胎的交叉换位，以保证轮胎的最大使用寿命。

### 复习思考题

1. 简述离合器操纵系统中空气的排除方法。
2. 简述制动液更换的注意事项。
3. 简述离合器总泵及推杆长度的调整步骤。
4. 简述桥刹车蹄片间隙的调整方法。
5. 简述前后悬挂骑马螺栓的紧固步骤。
6. 简述前桥前束的调整方法。
7. 简述轮胎螺栓的检查与紧固方法。

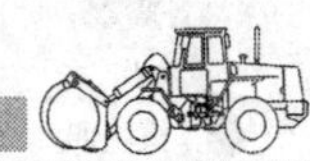

# 课题 3　上车部分的检查与调整

## 学习目标

1. 熟悉上车部分的检查与调整流程。
2. 掌握伸缩机构细拉索的调整方法。
3. 掌握伸臂滑块垫片及吊臂对中装置的调整方法。
4. 掌握回转支承紧固螺栓的检查与紧固方法。
5. 掌握主副吊钩的检查方法。
6. 掌握主副卷扬钢丝绳的检查方法。
7. 掌握安全装置的检查方法。
8. 掌握液压油及油箱装置的检查及更换方法。
9. 掌握齿轮油的更换和加注方法。

## 一、伸缩机构细拉索的调整

伸缩机构细拉索调整的操作如图 4—3—1 所示。

**注意**

汽车起重机使用两个月后必须调整检查拉索一次，以后每三个月调整检查拉索一次，拉索的松动会造成拉索掉道、挤断等现象。

吊臂仰角至 60° 左右，使各节臂伸出，然后缩到底，反复几次

将三、四、五节臂伸出一段距离，再把吊臂落下

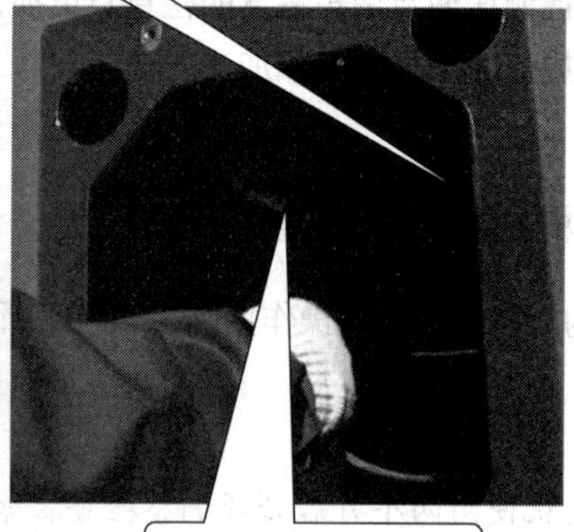


将五节臂头盖板拆下，同步调整五节臂两侧拉索的螺母

同步调整四节臂两侧细拉索的调整螺母，如不同步会造成伸臂旁弯

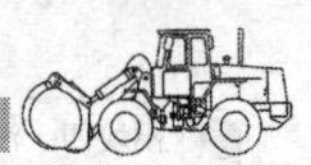

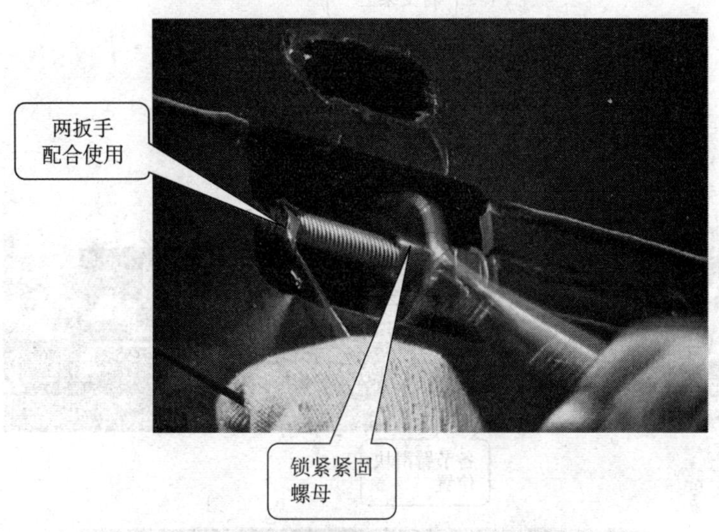


直至三、四、五节臂伸缩同步，然后锁紧细拉索上的螺母

图 4—3—1　伸缩机构细拉索调整的操作

**特别提醒**

当吊臂全部缩回时，如果吊臂头部臂与臂之间有大于 2 mm 的间隙，应在臂头前加调整垫片，否则将影响油缸和拉索的受力。

**注意**

1. 调整时，如吊臂抖动，两吊臂间滑块接触面应涂抹润滑脂。

2. 涂抹吊臂时，严禁吊臂全伸落下，否则会造成起重机倾翻。涂抹润滑脂时，先伸出二节臂，涂抹后收回，再伸出三、四、五节臂，涂抹后收回。

## 二、伸臂滑块垫片的调整

伸臂滑块垫片调整的操作如图 4—3—2 所示。首先将吊臂落下，然后调整臂头上的滑块螺栓，直至滑块与吊臂之间间隙为 2 mm，各节臂调整方法相同。

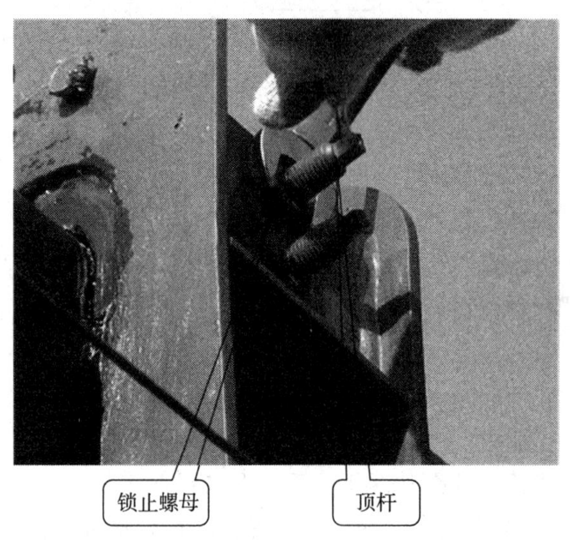


图 4—3—2　伸臂滑块垫片调整的操作

**特别提醒**

调整滑块时，上下滑块最好同时调整，以避免臂旁弯，同时要注意保证有适当间隙，在吊臂与滑块之间涂抹润滑脂以防造成吊臂抖动。

## 三、吊臂对中装置的调整

新车使用一个月后，要进行吊臂对中装置的调整，方法如下：将吊臂落下，调整臂

与臂之间对中装置的调整螺栓，把每节臂调整到中间位置，其目的是防止出现臂的扭转状态，以利于副臂的安装和拆卸，各节臂调整方法相同。吊臂对中装置调整的操作如图 4—3—3 所示。

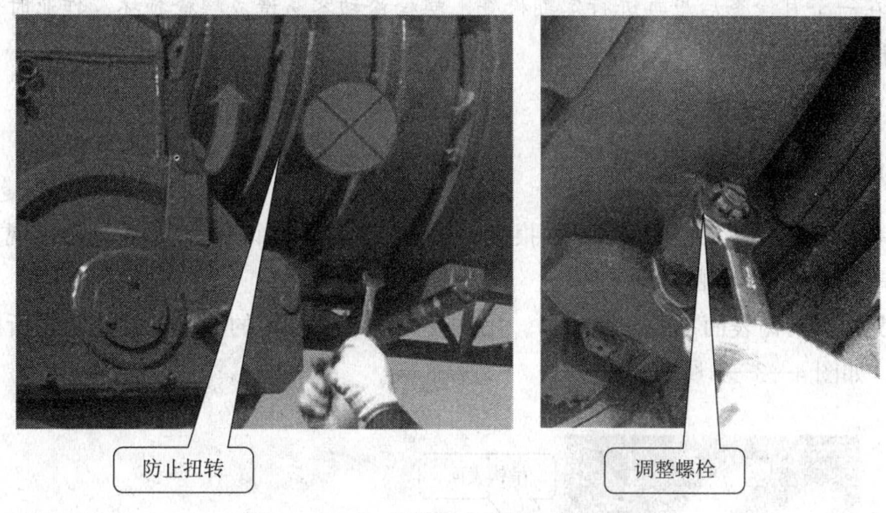


图 4—3—3　吊臂对中装置调整的操作

## 四、回转支承紧固螺栓的检查与紧固

新车使用一个月后或者发现回转支承紧固螺栓松动，应用扭矩扳手紧固螺栓。紧固后，应检测拧紧力矩是否达到设计要求。回转支承紧固螺栓检查与紧固的操作如图 4—3—4 所示。

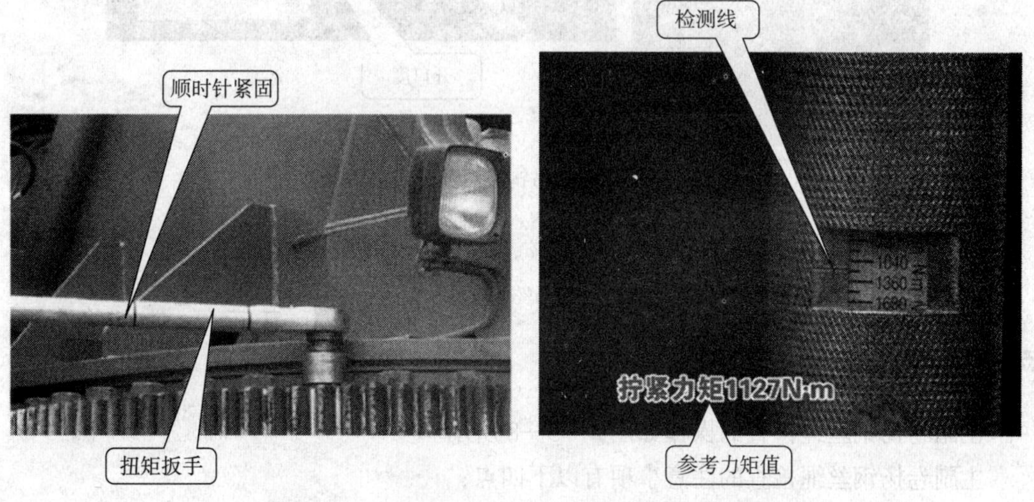


图 4—3—4　回转支承紧固螺栓检查与紧固的操作

**注意**

1. 回转支承紧固螺栓是否紧固是保证整车能否安全运行非常重要的环节。

2. 在一个月检查后应再进行定期检查，螺栓松动容易造成螺栓损坏，作业时会造成严重后果。

## 五、主副吊钩的检查

吊钩出现下述情况之一时，必须报废（吊钩的缺陷不允许焊补），否则会出现重物在起吊过程中从高空坠落的危险。

情况一：吊钩表面有裂纹及破口，吊钩开口度（见吊钩的标牌）的值超过所标尺寸的 10%，如图 4—3—5 所示。

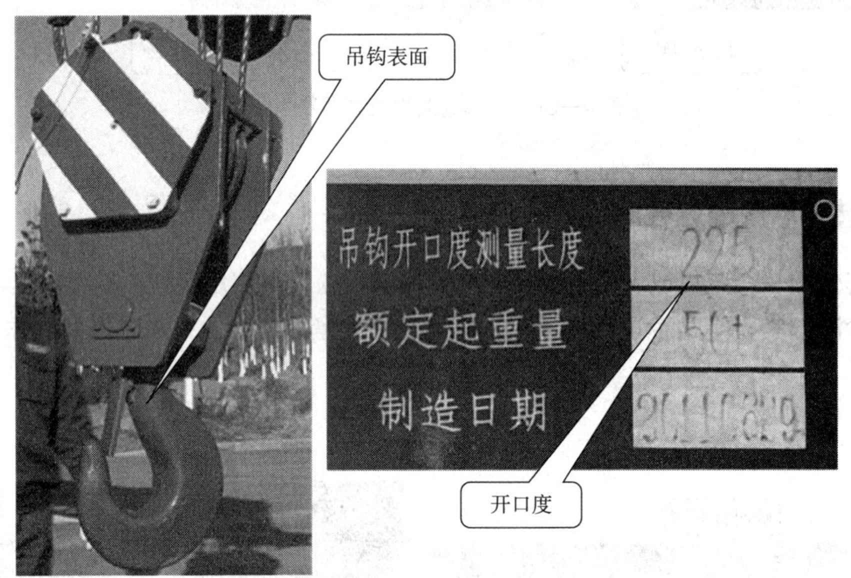


图 4—3—5　检查吊钩表面及开口度的操作

情况二：危险断面磨损达到尺寸的 10%，如图 4—3—6 所示。

情况三：挂钩处断面磨损超过原钢的 5%，如图 4—3—7 所示。

## 六、主副卷扬钢丝绳的检查

主副卷扬钢丝绳检查的操作如图 4—3—8 所示。

主副卷扬钢丝绳检查的注意事项有以下四点：

1. 钢丝绳径向磨损严重必须报废。

图 4—3—6　检查危险断面磨损的操作

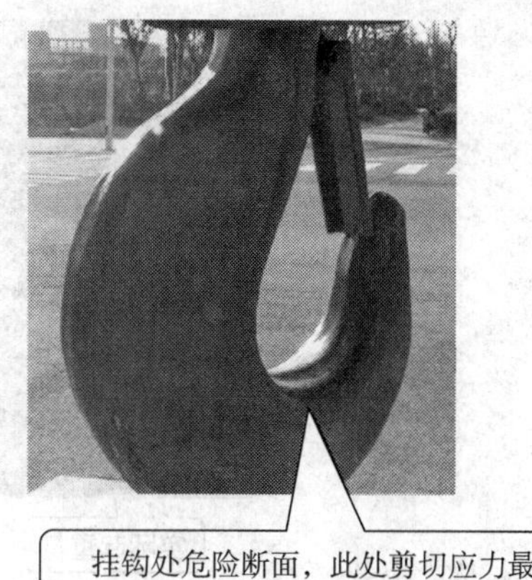


图 4—3—7　检查挂钩处磨损的操作

图 4—3—8　主副卷扬钢丝绳检查的操作

2. 在不影响整车钢丝绳用量的情况下，可将断丝部分裁剪，否则报废。

3. 钢丝绳变形、扭结必须报废，否则会造成重大安全事故。钢丝绳锈蚀严重必须更换。

4. 应检查钢丝绳锲套、锲子位置是否正确，锲套、销轴和锲子、绳夹有无磨损和裂纹，如有磨损、裂纹必须及时更换，否则会有起落过程中重物脱落的危险。

## 七、安全装置的检查

安全装置检查的操作如图 4—3—9 所示。

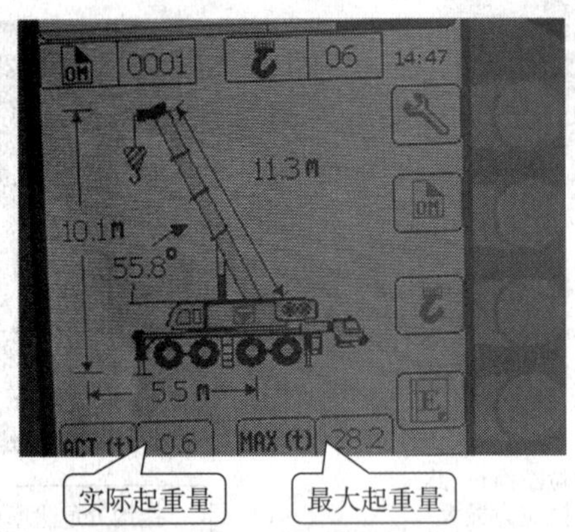


检查力矩限制器动作情况是否正常，精度是否在 ±5% 的误差范围内

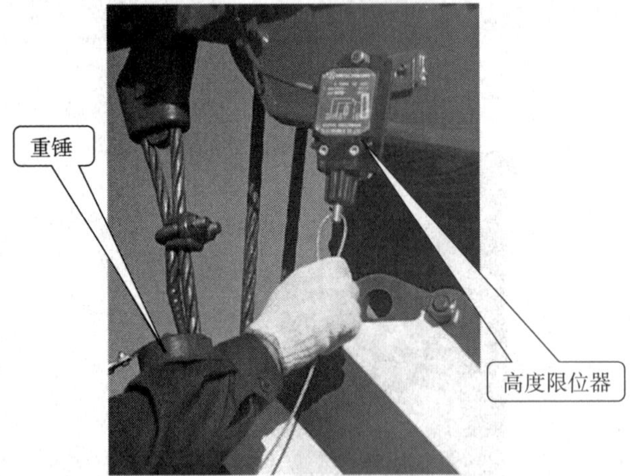


检查高度限位器动作是否正常，重锤吊索是否损坏

检查卸荷电磁阀的动作是否正常

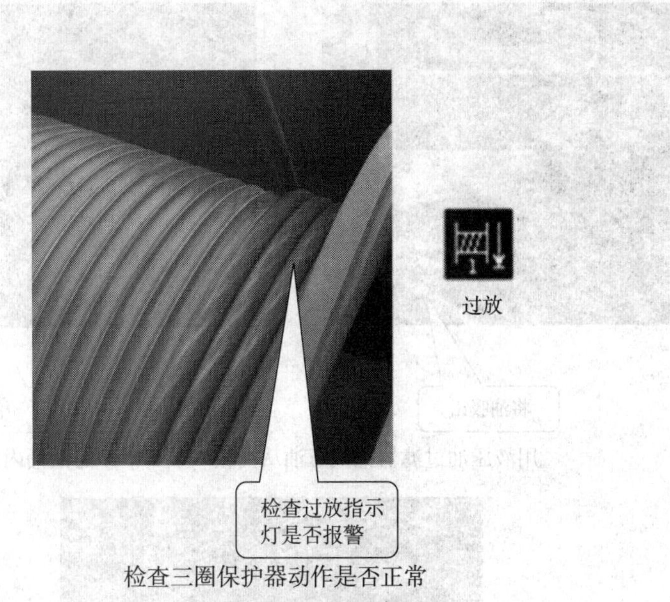


检查三圈保护器动作是否正常

图 4—3—9　安全装置检查的操作

如发现以上装置的工作不正常，必须调整维修。

## 八、液压油及油箱装置的检查及更换

### 1. 液压油过滤、更换及液压油箱的清洗

液压油过滤、更换及液压油箱清洗的操作如图 4—3—10 所示。

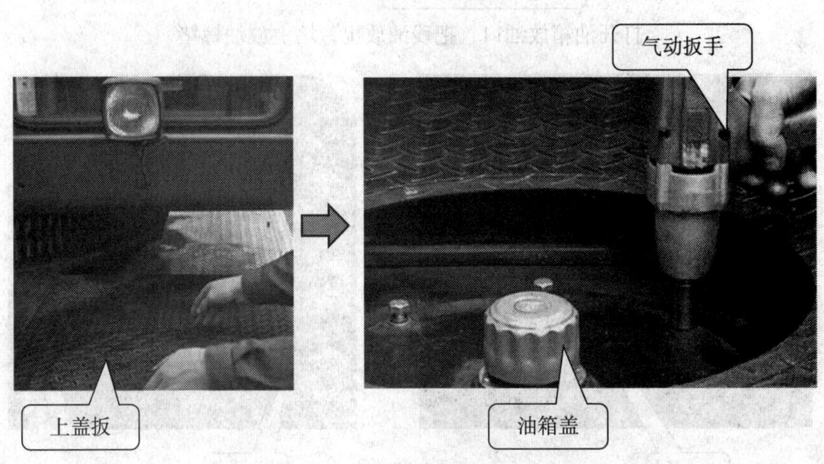


拆下上盖板，用气动扳手打开油箱盖

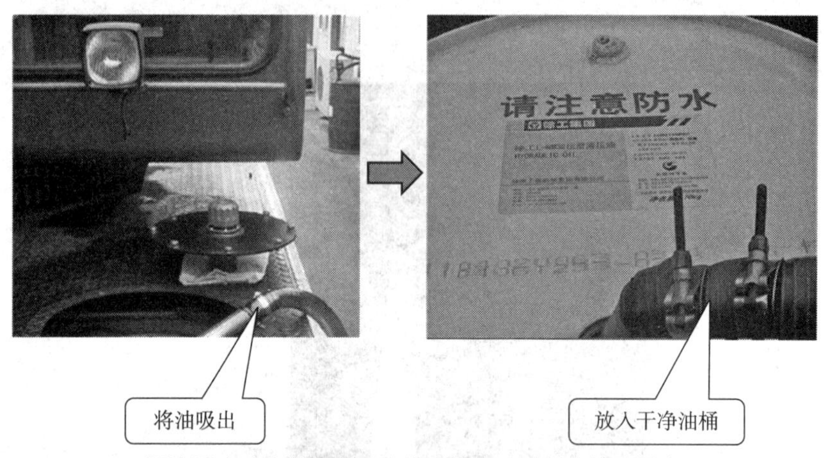


用液压油过滤器把液压油从油箱中吸到干净的油桶内

打开油箱放油口，把残油放出，堵上放油螺堵

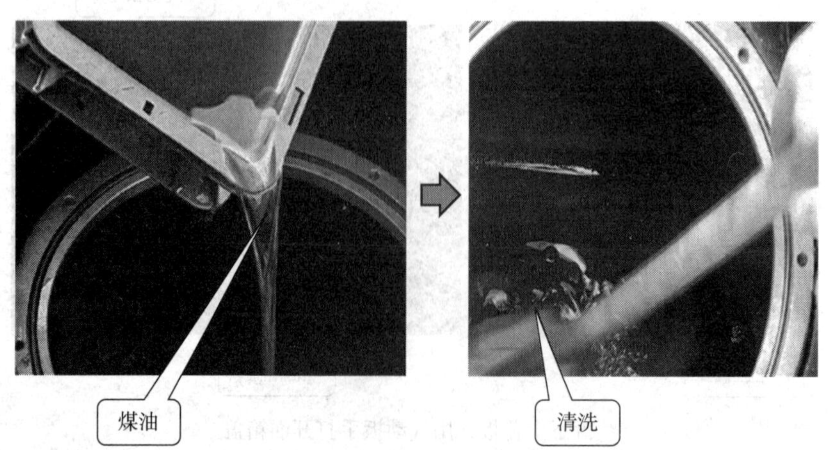


倒入煤油或汽油用丝巾进行清洗，然后打开油箱放油螺堵，把油放出，堵上放油螺堵

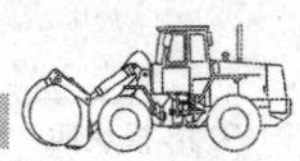

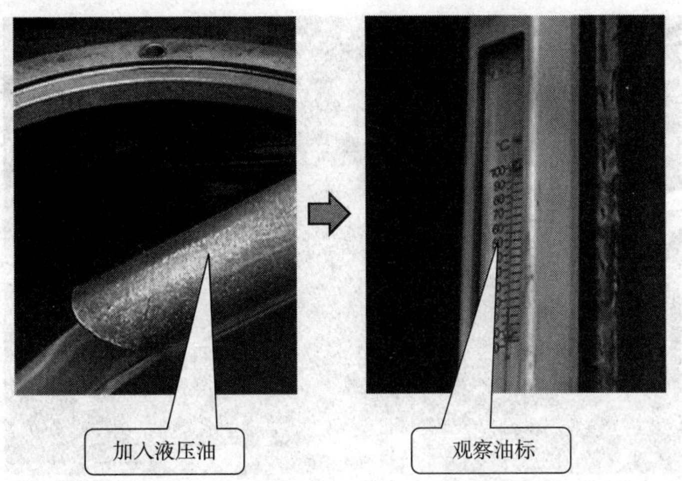


用液压油过滤器把液压油从油桶吸到油箱内或更换新油，观察油标，如果不够则需要进行补充

图 4—3—10　液压油过滤、更换及液压油箱清洗的操作

## 特别提醒

新车交付使用三个月后，必须及时更换液压油，以防止初期使用时各部分的磨耗杂质长期存在，加油量 660L 左右。

在正常作业条件下，液压油必须每隔 6 个月进行过滤或换油一次，液压油使用时间不得超过 2 年。

无论何时发现液压油污染严重，必须过滤或更换。

在起重机行驶状态下，检查液压油油量，油位低于刻线时，必须及时补充。

根据环境温度选择恰当的液压油：

（1）环境温度在 5℃以上：L-HM46 抗磨液压油。

（2）环境温度在－15～5℃：L-HM32 抗磨液压油。

（3）环境温度在－30～－15℃：L-HV22 低温液压油。

（4）环境温度在－30℃以下：10 号航空液压油。

### 2. 吸油和回油滤芯的更换

吸油和回油滤芯初期使用 3 个月后应进行更换，以后每使用 12 个月应进行更换。

（1）回油滤芯的更换

回油滤芯更换的操作如图 4—3—11 所示。

找到吸油和回油滤油器

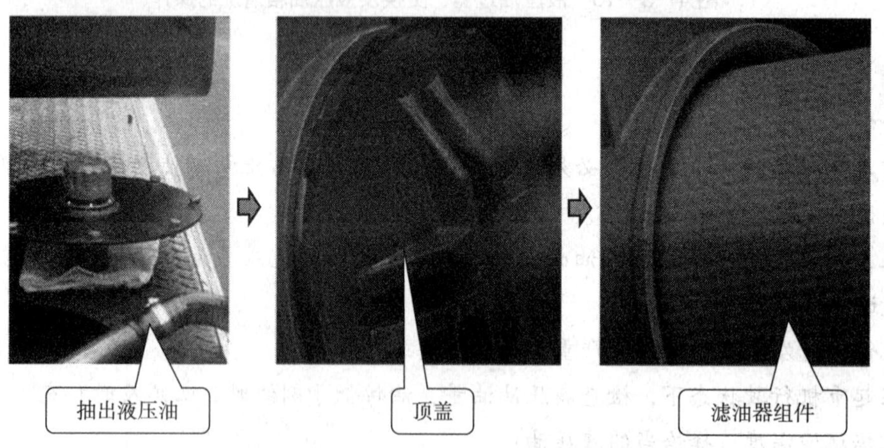


把油箱内液压油全部抽出，拆下滤油器顶盖，取出滤油器组件

取出并更换滤芯，拧紧螺栓，使密封面均匀地接触滤芯，然后拧紧螺母

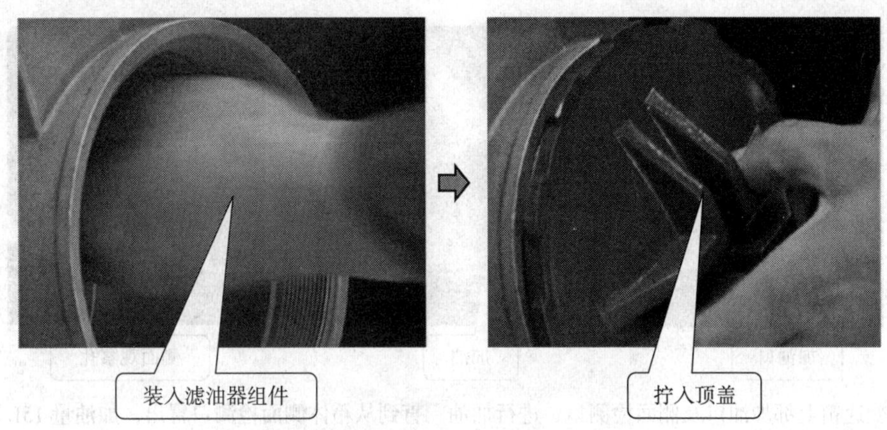


安装滤油器组件及顶盖

图 4—3—11　回油滤芯更换的操作

（2）吸油滤芯的更换

把油箱内液压油全部抽出，拆下滤油器顶盖，更换滤芯，安装顶盖。

**注意**

液压油及滤芯不按以上规定进行更换或过滤，容易造成液压系统的故障及液压元件寿命的降低。

## 九、齿轮油的更换和加注

### 1. 变速箱润滑油的更换

更换变速箱润滑油的操作如图 4—3—12 所示。

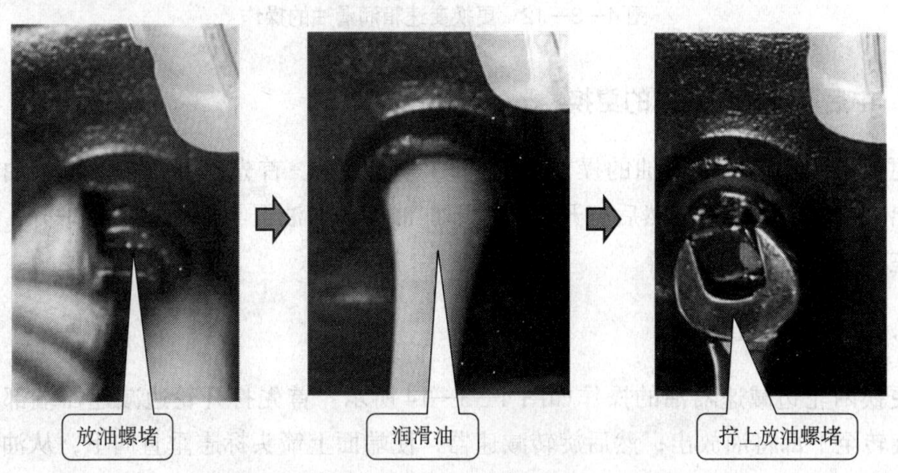


打开变速箱放油螺堵，将油放出，拧上放油螺堵

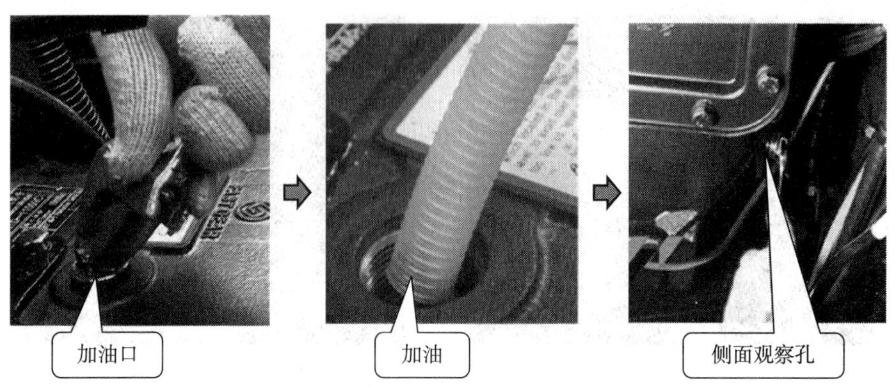


打开变速箱上部加油口及侧面检测口，进行加油，直到从箱体侧面检测口冒出，加油量 15L 左右

变速箱取力器润滑油应同步更换，换油方法与变速箱相同

图 4—3—12 更换变速箱润滑油的操作

## 2. 中后驱动桥润滑油的更换

更换中后驱动桥润滑油的操作如图 4—3—13 所示。首先打开桥包下部放油螺堵将油放出，拧上放油螺堵；然后打开桥包中部加油口，加油至与加油口下沿平齐，加油量 12 L 左右，拧上加油口螺堵。

## 3. 两轮边减速器换油

更换两轮边减速器油的操作如图 4—3—14 所示。首先打开轮边减速器端部放油螺堵，旋转至下部将油放出；然后旋转减速器，使端面上箭头标志垂直向下，从油口处加油至与加油口下沿平齐，每个轮边减速器加油量 3.5 L 左右。

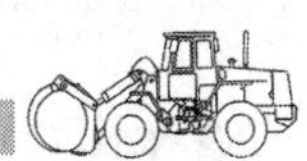

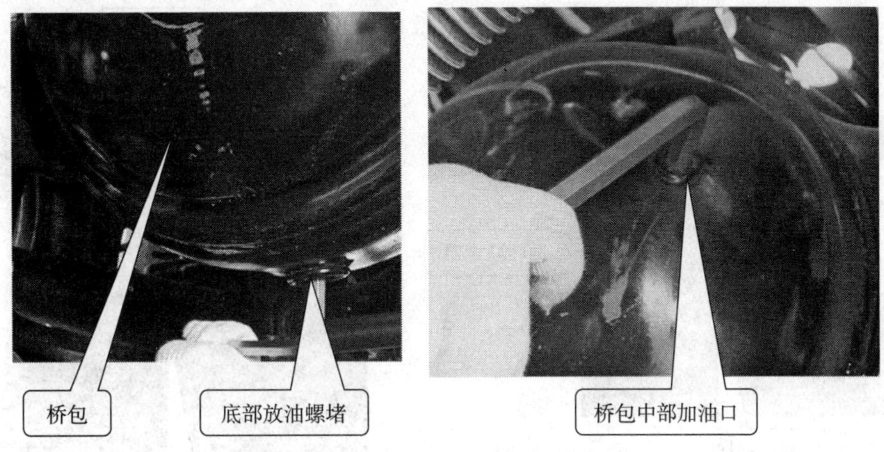


图 4—3—13　更换中后驱动桥润滑油的操作

图 4—3—14　更换两轮边减速器油的操作

### 4. 回转机构润滑油的更换

更换回转机构润滑油的操作如图 4—3—15 所示。首先拆下放油螺堵将油放出，拧上放油螺堵；然后打开加油口进行加油，加油量 4.5 L 左右。

### 5. 起升机构润滑油的更换

更换起升机构润滑油的操作如图 4—3—16 所示。拆下放油螺堵将油放出，拧上放油螺堵，打开加油口进行加油，加油到与油位检测口下沿平齐，加油量 2.5 L 左右。

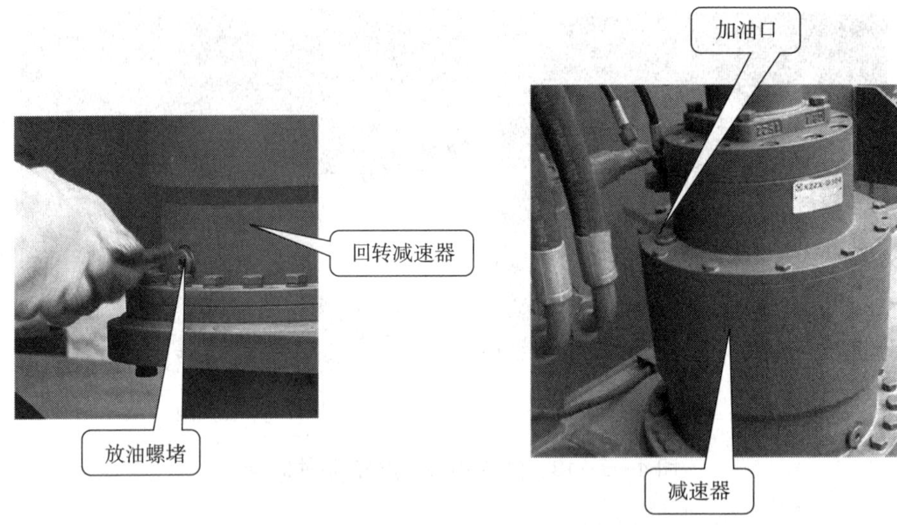


图 4—3—15 更换回转机构润滑油的操作

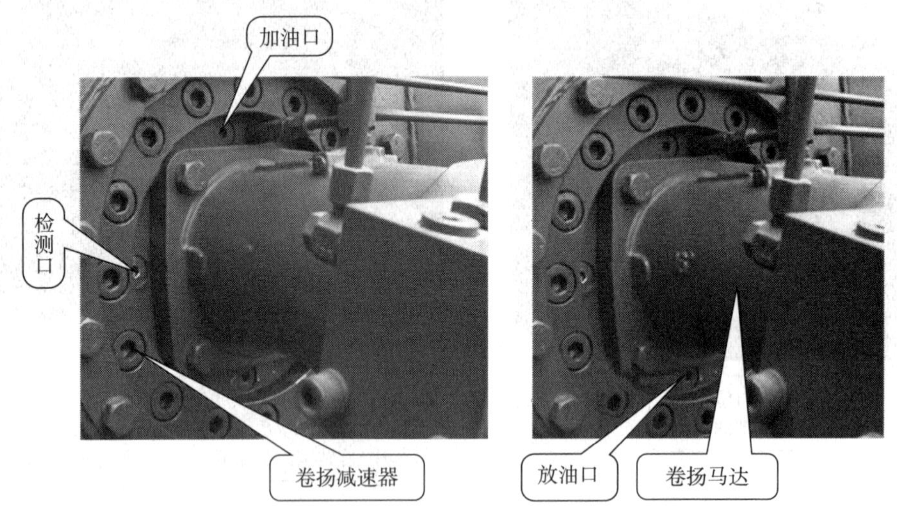


图 4—3—16 更换起升机构润滑油的操作

### 6. 润滑脂的加注

汽车起重机各部位必须定期加注润滑脂，不按规定加注润滑脂，将会造成各元件的工作不正常或因缺油而损坏。加注前应先清洁润滑嘴及所需润滑部位，再加注润滑脂。

（1）起重机作业部分每周保养润滑点

起重机作业部分每周保养润滑点包括主臂滑块处（图 4—3—17）、回转机构齿轮及回转支承（图 4—3—18）、滑轮和滑轮轴（图 4—3—19）。

（2）起重机作业部分每月保养润滑点

起重机作业部分每月保养润滑点包括吊钩（图 4—3—20）、全车钢丝绳（图 4—3—

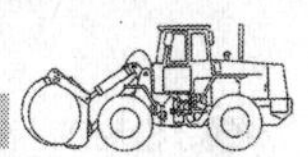

21）、转台各铰点和销轴（图 4—3—22）、卷扬支承座（图 4—3—23）。

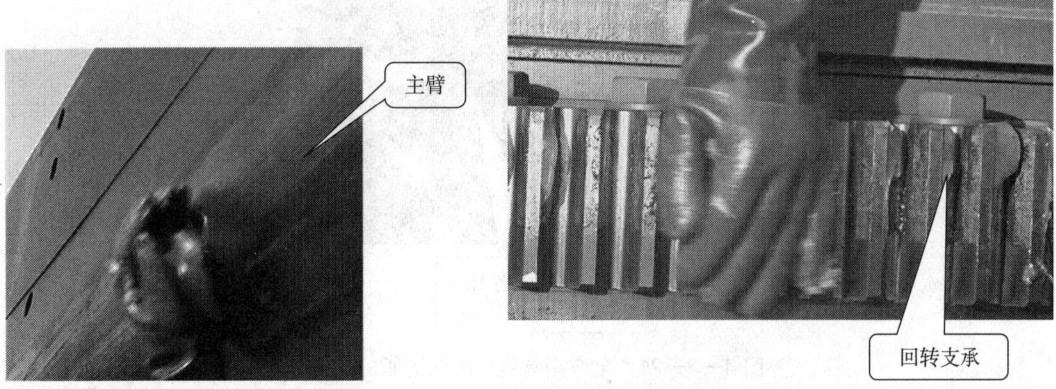


图 4—3—17　主臂滑块处加注润滑脂的操作　图 4—3—18　回转机构齿轮及回转支承加注润滑脂的操作

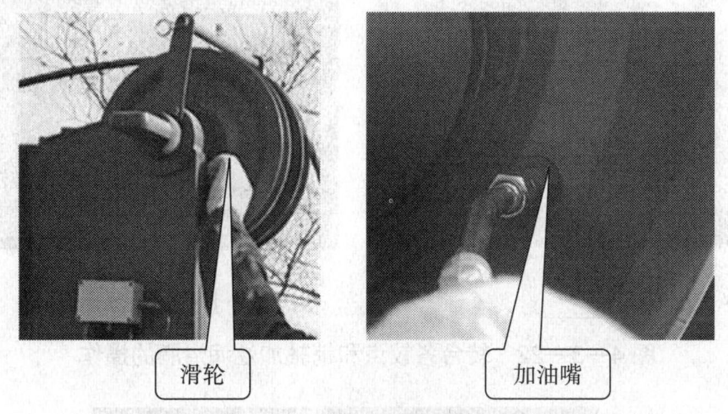


图 4—3—19　滑轮和滑轮轴加注润滑脂的操作

图 4—3—20　吊钩加注润滑脂的操作

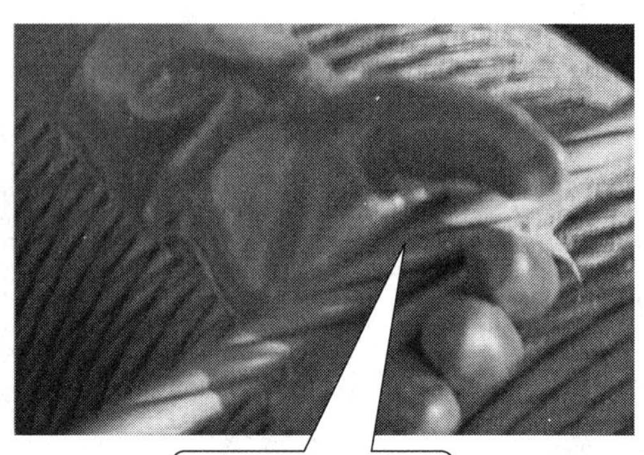


图 4—3—21　全车钢丝绳加注润滑脂的操作

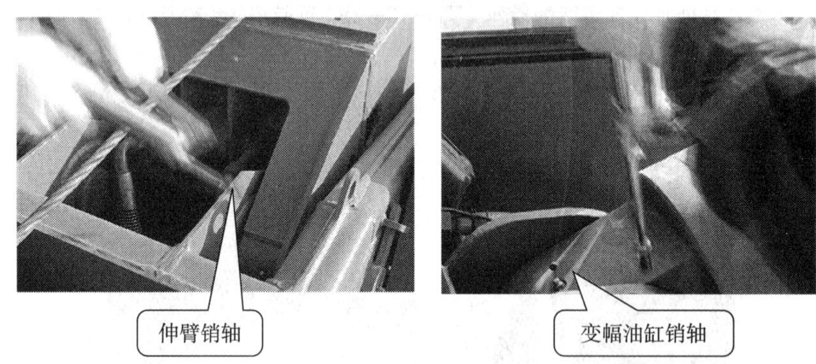


图 4—3—22　转台各铰点和销轴加注润滑脂的操作

图 4—3—23　卷扬支承座加注润滑脂的操作

（3）底盘部分每周保养点

底盘部分每周保养点包括各个销轴、推力杆、传动轴、桥，如图 4—3—24 所示。

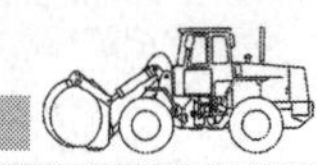

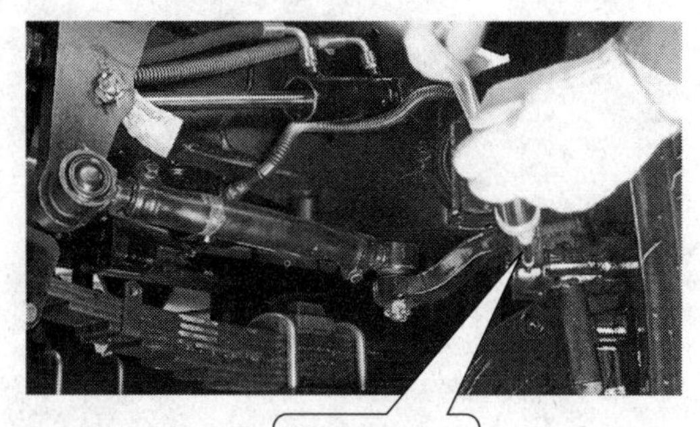


图 4—3—24　底盘各部分加注润滑脂的操作

## 特别提醒

(1) 初期使用 3 个月后必须更换齿轮油，此后每隔一年更换一次。

(2) 如发现齿轮油污染严重，即使不到换油周期也必须更换。

(3) 经常检查油位高度，当油位低于规定值时，应予以补充。

(4) 更换传动机构、起升机构和回转机构用油前需将机构运行 10 ~ 15 min。

## 复习思考题

1. 简述伸缩机构细拉索的调整步骤和注意事项。
2. 简述伸臂滑块垫片的调整步骤。
3. 简述吊臂对中装置的调整步骤。
4. 简述主副吊钩的检查内容及注意事项。
5. 简述主副卷扬钢丝绳的检查内容及注意事项。
6. 简述液压油过滤、更换及液压油箱的清洗方法。
7. 简述吸油和回油滤芯的更换方法。
8. 简述两轮边减速器油的更换方法。
9. 简述回转机构润滑油的更换方法。
10. 润滑脂的加注部位有哪些?